高等职业院校土建专业创新系列教材

U0368335

BIM 技术应用(微课版)

——基于 Revit 的建筑应用实训教程

王 浩 陈淑珍 王妙灵 主 编

李 颖 王玉合 副主编

清华大学出版社
北京

内 容 简 介

本书结合各院校对 BIM 技术应用的实际需求，吸纳了国内 BIM 教材的精华，并紧密结合 BIM 新的技术发展动态进行编写。本书每章均设有明确的学习目标和导入内容，旨在重点培养和提升学生的应用能力。

本书诞生于重庆市一流课程建设过程中，定位为初学者教材，重点讲解了 Revit 软件在建筑建模领域的应用方法与技巧，内容安排由浅入深、循序渐进，采用案例教学法，遵循"学中做、做中学"的教学思路。全书共分为 11 章，主要内容包括 BIM 概论、Revit 基础、标高和轴网、基础工程、框架柱与剪力墙、梁与板、楼梯、建筑墙、门窗洞口工程、其他工程、族及族工具等。

本书不仅适合作为高等院校、高职高专院校土建类相关专业的 BIM 课程教材，也适合相关建筑从业人员及 BIM 技术人员作为学习及参考用书。此外，本书还配备了丰富的教学视频资源，方便学习者进行自主学习。

图书在版编目(CIP)数据

BIM 技术应用：微课版：基于 Revit 的建筑应用实训教程 /
王浩，陈淑珍，王妙灵主编. -- 北京：清华大学出版社，2024. 10.
(高等职业院校土建专业创新系列教材). -- ISBN 978-7-302-67234-0

Ⅰ. TU201.4

中国国家版本馆 CIP 数据核字第 2024PL5785 号

责任编辑：孟 攀
封面设计：刘孝琼
责任校对：徐彩虹
责任印制：曹婉颖

出版发行：清华大学出版社

　　　　　网　　　址：https://www.tup.com.cn, https://www.wqxuetang.com
　　　　　地　　　址：北京清华大学学研大厦 A 座　　　邮　　　编：100084
　　　　　社 总 机：010-83470000　　　　　　　　　　邮　　　购：010-62786544
　　　　　投稿与读者服务：010-62776969, c-service@tup.tsinghua.edu.cn
　　　　　质量反馈：010-62772015, zhiliang@tup.tsinghua.edu.cn
　　　　　课件下载：https://www.tup.com.cn, 010-62791865

印 装 者：三河市天利华印刷装订有限公司
经　　　销：全国新华书店
开　　　本：185mm×260mm　　　印　张：16　　　字　数：384 千字
版　　　次：2024 年 10 月第 1 版　　　　　　印　次：2024 年 10 月第 1 次印刷
定　　　价：49.00 元

产品编号：101623-01

前　言

当前，我国建筑业处在转型的关键时期，BIM(建筑信息模型)技术将会在这场变革中起到关键作用，也必定成为建筑领域实现技术创新、转型升级的突破口。

本书在编写中贯彻党的"二十大"报告精神，融入课程思政，落实立德树人任务。落实"产教融合、科教融汇，优化职业教育类型定位"精神，并配套立体式教学资源，书中设置二维码视频资源，方便教师使用和学生自主学习，以此"推进教育数字化，建设全民终身学习的学习型社会"。本书以项目案例为驱动，按照项目建模顺序划分章节，当构件有多种做法实现时，一般优先讲解简单方法，并在后文中逐步讲解新功能。不同构件使用同种方法实现时，读者可以通过文中指引，在相关章节寻找相应方法。学习者可以根据教材顺序按部就班地进行学习和建模。

本书共分为 11 章，各章的主要内容如下：第 1 章为 BIM 概论，介绍 BIM 的概念及特点、常见的 BIM 软件以及 BIM 的价值；第 2 章讲述 Revit 基础，包括软件的安装、启动界面、工作界面、视图选项卡及常用功能简介；第 3 章讲述标高和轴网，介绍新建项目、创建标高、创建轴网、调整结构标高范围及常见问题；第 4 章讲述基础工程，介绍独立基础、止水板(筏板)、竖井洞口、条形基础以及常见问题；第 5 章讲述框架柱与剪力墙，介绍矩形柱、暗柱、边缘柱，剪力墙及竖向构件复制；第 6 章讲述梁与板，介绍框架梁、连梁、梁的复制以及屋框梁的转换，楼板的绘制与复制以及屋面板的完善；第 7 章讲述楼梯，介绍参照平面、楼梯的定义与组成、楼梯组、楼梯其他构件及常见问题；第 8 章讲述建筑墙，介绍基本墙、叠层墙、幕墙以及常见问题；第 9 章讲述门窗洞口工程，介绍窗洞、墙洞口普通门、旋转门、普通窗、飘窗；第 10 章讲述其他工程，介绍其他构件、场地、出图；第 11 章讲述族，介绍族类型、族工具以及公制常规族案例。通过 Revit 进行建模或者设计时，为提高效率，常常会使用一些外部插件，如橄榄山、建模大师、族库大师等工具，这样可以有效地提高建模速度，作为基础教程，本书未涉及这部分内容。

本书编写团队长期从事 BIM 领域的教学、科研及工程应用工作，具有扎实的理论基础和丰富的工程经验。全书由重庆城市科技学院王浩任第一主编，负责组织、策划与构思工作，重庆建筑工程职业学院王玉合编写第 1 章，王浩编写第 2～6 章，重庆城市科技学院王妙灵编写第 7 章，重庆外语外事学院关玲编写第 8 章，重庆工程职业技术学院陈淑珍编写第 9～11 章。全书由青岛理工大学李松青老师主审。在此对本书的全体编创人员表示衷心地感谢！

本书在编写过程中得到了多位同行的支持与帮助，在此一并表示感谢！由于编者水平有限，书中难免有疏漏和不妥之处，恳请广大读者批评指正。

编　者

目　　录

第 1 章 BIM 概论

学习目标:

◆ 了解 BIM 技术及常见 BIM 软件;

◆ 了解 BIM 发展历史与应用现状;

◆ 熟悉 BIM 的特点;

◆ 熟悉 BIM 的关键技术;

◆ 熟悉 BIM 的价值。

本章导读:

BIM 应用于工程项目规划、勘察、设计、施工、运营维护等各阶段,实现建筑全生命周期各参与方在同一多维建筑信息模型基础上的数据共享,为产业链贯通、工业化建造的繁荣,为建筑创作提供技术保障。

1.1 BIM 概念及特点

BIM(Building Information Modeling,建筑信息模型)是利用数字模型对建设工程进行规划、设计、施工、运营的过程,是以建筑工程项目的各项相关信息数据为基础,建立三维的建筑模型,通过数字信息仿真,模拟建筑物所具有的真实信息。它具有可视化、协调性、可模拟性、可优化性、可出图性、一体化性、参数化性和信息完备性八大特点。

BIM 思想产生于 1974—1975 年,是由查理斯·伊斯曼(Charles Eastman)提出来的,但当时并不叫 BIM,而是 BDS(Building Description System,建筑描述系统)。

2002 年,Autodesk 公司收购 Revit,提出了 BIM。BIM 是对建筑设计的创新。

随着时间的推移,BIM 不仅仅是建筑模型,它还可以帮助实现建筑信息的集成,从建筑的设计、施工、运行直至建筑全生命周期的终结,各种信息始终整合于一个三维模型信息数据库中,设计团队、施工单位、设施运营部门和业主等各方人员可以基于 BIM 进行协同工作,有效地提高了工作效率、节省资源、降低成本,以实现可持续发展。

1.1.1 BIM 的特点

1. 可视化

可视化是以"所见即所得"的形式获取信息,对于建筑行业来说,可视化在建筑业的作用是非常大的。例如,经常拿到的施工图纸,只是各个构件的信息在图纸上采用线条的绘制表达,但是其真正的构造形式则需要建筑业参与人员进行想象。对于简单的设计来说,这种想象也未尝不可,但是近几年建筑业的建筑形式各异,复杂造型层出不穷,仅依靠从业人员想象,容易出现偏差。BIM 为人们提供了可视化的思路,将以往的线条式构件形成一种三维的立体实物图形。建筑业以往是将效果图分包给专业的效果图制作团队,通过线条式信息制作出来的,并不是通过构件的信息自动生成的,缺少了同构件之间的互动性和反馈性。BIM 提供的可视化是一种能够同构件之间形成互动性和反馈性的可视。在 BIM 中,整个过程都是可视化的,所以可视化的结果不仅可以用作效果图的展示及报表的生成,更重要的是它使得项目设计、建造、运营过程中的沟通、讨论、决策都在可视化的状态下进行。

2. 协调性

协调是建筑业中的重点内容,施工单位、业主、设计单位,无不在做着协调及配合工作。一旦项目在实施过程中遇到问题,就要将各有关各方组织起来开会协调,找到各施工问题发生的原因及解决办法,然后做出变更,采取相应补救措施等。在设计时,由于各专业设计师之间的沟通不到位,可能出现专业之间的碰撞问题。例如,暖通等专业中的管道,在进行布置时正好有结构设计的梁构件,在此妨碍着管线的布置。在常规设计中,这类碰撞问题很难提前发现。BIM 的协调服务可以帮助处理这种问题,也就是说,BIM 可在建筑物建造前期对各专业的碰撞问题进行协调,生成协调数据。当然 BIM 的协调作用也并不是只能解决各专业间的碰撞问题,它还可以解决电梯井布置与其他设计布置及净空要求的协调、防火分区与其他设计布置的协调以及地下排水布置与其他设计布置的协调等。

3. 可模拟性

BIM 不仅可以模拟设计出的建筑物模型,还可以模拟不能在真实世界中进行操作的事物。在设计阶段,BIM 可以进行一些模拟试验,如节能模拟、紧急疏散模拟、日照模拟、热能传导模拟等;在招投标和施工阶段可以进行 4D 模拟(3D 模型与项目的时间线),也就是根据施工的组织设计模拟实际施工,从而确定合理的施工方案指导施工。同时还可以进行5D 模拟(基于 3D 模型的造价控制),从而实现成本控制;后期运营阶段可以模拟日常紧急情况的处理方式,如地震人员逃生模拟及消防人员疏散模拟等。

4. 可优化性

事实上,整个设计、施工、运营的过程就是一个不断优化的过程,虽然优化与 BIM 不存在实质性的必然联系,但在 BIM 的基础上可以更好地优化。优化受 3 种因素的制约,即信息、复杂程度和时间。没有准确的信息得不出合理的优化结果,BIM 模型提供了建筑物实际存在的信息,包括几何信息、物理信息、规则信息。当建筑物复杂到一定程度,参与人员本身的能力便无法掌握所有的信息，必须借助一定的科学技术和设备的帮助。现代建筑物的复杂程度大多超出参与人员本身的能力极限，BIM 及与其配套的各种优化工具提供了对复杂项目进行优化的可能。

5. 可出图性

BIM 出图与日常的建筑设计院所出的建筑设计图纸及一般构件加工的图纸不同，它通过对建筑物进行可视化展示、协调、模拟、优化后，可以帮助业主出综合管线图(经过碰撞检查和设计修改，消除了相应错误以后)、综合结构留洞图(预埋套管图)、碰撞检查侦错报告和建议改进方案。

6. 一体化性

基于 BIM 技术可进行从设计到施工再到运营，贯穿工程项目全生命周期的一体化管理。BIM 的技术核心是一个由计算机 3D 模型所形成的数据库，不仅包含了建筑的设计信息，而且可以容纳从设计到建成使用，甚至是使用周期终结的全过程信息。

7. 参数化性

参数化建模指的是通过参数而不是数字建立和分析模型，简单地改变模型中的参数值就能建立和分析新的模型；BIM 中图元是以构件的形式出现，这些构件之间的不同是通过参数的调整反映出来的，参数保存了图元作为数字化建筑构件的所有信息。

8. 信息完备性

信息完备性体现在 BIM 技术可对工程对象进行 3D 几何信息和拓扑关系的描述以及完整的工程信息描述。

1.1.2　BIM 的关键技术

1. IFC/IDM/IFD 数据交换标准

IFC(Industry Foundation Classes，工业基础类)是一个包含各种建设项目设计、施工、运营各个阶段所需要的全部信息的一种基于对象的、公开的标准文件交换格式。

IDM(Information Delivery Manual，信息交付手册)是对某个指定项目及项目阶段、某个具有特定特点的项目成员、某个特定业务流程所需要交换的信息以及由该流程所产生的信息的定义。每个项目成员通过信息交换得到完成工作所需的信息，同时把在工作中收集或更新的信息通过交换，供其他所需的项目成员使用。

IFD(International Framework for Dictionaries，国际字典框架，也称国际框架词典)标准是为了保证交换的信息与所需要的信息是同一个信息，将概念和描述分开来，同时引用了 GUID 给每个概念定义一个独有的标识码，将名称和描述与 GUID 绑定进行信息传递，因此在交换之后各参与方得到的信息和期望得到的信息能够保持一致。

2. 3D 协同设计技术

3D 协同设计是以 3D 数字技术为基础，以 3D CAD 设计软件为载体，不同专业人员组成的设计团队为了实现或完成一个共同的设计目标或项目在一起开展工作，是一个知识共

享和集成的过程，共同设计某一目标的专业人员能够共享数据、信息和知识。

3. 可视化设计技术

可视化技术能够把科学数据(包括测量获得的数值、图像或是计算中涉及、产生的数字信息)变为直观的图形图像信息，展示随时间和空间变化的物理现象或物理量给设计者，使他们能够观察、模拟和计算。该技术是 BIM 能够实现 3D 展现的前提。

4. 3S 技术

3S 技术是遥感技术(Remote Sensing，RS)、地理信息系统(Geographic Information Systems，GIS)和全球定位系统(Global Positioning Systems，GPS)的统称，是空间技术、传感器技术、卫星定位与导航技术和计算机技术、通信技术相结合，多学科高度集成地对空间信息进行采集、处理、管理、分析、表达、传播和应用的现代信息技术，是 BIM 成果的集中展示平台。

5. 虚拟现实技术

虚拟现实(Virtual Reality，VR) 是利用计算机生成一种模拟环境，通过多种传感设备使用户"沉浸"到该环境中，实现用户与该环境直接进行自然交互的技术。它能够让应用 BIM 的设计师以身临其境的感觉，并以自然的方式与计算机生成的环境进行交互操作，而体验比现实世界更加丰富的感受。

6. 数字化施工系统

数字化施工系统是指依托建立数字化地理基础平台、地理信息系统、遥感技术、工地现场数据采集系统、工地现场机械引导与控制系统、全球定位系统等基础平台，整合工地信息资源，突破时间、空间的局限，而建立一个开放的信息环境，以使工程建设项目的各参与方更有效地进行实时信息交流，利用 BIM 模型成果进行数字化施工管理。

7. 物联网技术

物联网(The Internet of Things，IoT)是通过射频识别(Radio Frequency Identification Devices，RFID)、红外感应器、全球定位系统、激光扫描器等信息传感设备，按约定的协议，把任何与工程建设相关的物品与互联网连接起来，进行信息交换和通信，以实现智能化识别、定位、跟踪、监控和管理的一种网络。它在 BIM 应用中主要起到采集施工原始信息、更新 BIM 模型的目的。

8. 云计算技术

云计算是网格计算、分布式计算、并行计算、效用计算、网络存储、虚拟化和负载均衡等计算机技术与网络技术发展融合的产物。它旨在通过网络把多个成本相对较低的计算实体，整合成一个具有强大计算能力的完美系统，并把这些强大的计算能力分布到终端用户手中，是解决 BIM 大数据传输及处理的最佳技术手段。

9. 信息管理平台技术

信息管理平台技术的主要目的是整合现有管理信息系统，充分利用 BIM 模型中的数据进行管理交互，以便让工程建设各参与方都可以在一个统一的平台上协同工作。

10. 数据库技术

BIM 技术的应用以能支撑大数据处理的数据库技术为载体，包括对大规模并行处理 (MPP)数据库、数据挖掘、分布式文件系统、分布式数据库、云计算平台、互联网和可扩展的存储系统等的综合应用。

11. 网络通信技术

通信网络是 BIM 技术应用的沟通桥梁，是 BIM 数据流通的通道，构成了整个 BIM 应用系统的基础。可根据实际工程建设情况，利用手机网络、无线 Wi-Fi 网络等方案，满足工程建设的通信需要。

1.1.3　BIM 项目的全生命周期信息

建筑项目的全生命周期可以划分为 6 个阶段，包括规划阶段、设计阶段、施工阶段、项目交付和试运行阶段、运营和维护阶段、处置阶段。每个阶段都有相应的信息使用要求。

1. 规划阶段

规划和计划是由物业的最终用户发起的，这个最终用户未必是业主。规划阶段需要的信息是指最终用户根据自身业务发展需要对现有设施的条件、容量、效率、运营成本和地理位置等要件进行评估，以决定是否购买新的物业或者改造已有物业。这个分析既包括财务方面的，也包括物业实际状态方面的。

如果决定启动一个建设或者改造一个项目，下一步就是细化目标用户对物业的需求，这也是开始聘请专业咨询公司(建筑师、工程师等)的阶段，这个过程结束以后，设计阶段就开始了。

2. 设计阶段

设计阶段的任务是解决"做什么"的问题。设计阶段是把规划阶段的需求转化为对这个建筑物的物理描述，是一个复杂而关键的阶段，在这个阶段做决策的人以及产生信息的质量会对物业的最终效果产生较大的影响。

设计阶段创建的大量信息虽然相对简单，却是物业生命周期所有后续阶段的基础。会有相当数量、不同专业的人员在这个阶段介入设计过程，包括建筑师、岩土工程师、结构工程师、机电工程师、给排水工程师及预算造价师等，这些专业人员分属于不同机构，因此他们之间的实时信息共享非常关键。

传统情形下，影响设计的主要因素包括建筑规划、建筑材料、建筑产品和建筑法规等，其中建筑法规包括土地使用、环境保护、设计规范、试验等方面。

近年来，施工阶段的可建性和施工顺序问题、制造业的车间加工和现场安装方法以及精益施工体系中的"零库存"设计方法被越来越多地引入设计阶段。

设计阶段的主要成果是施工图，典型的情况下，设计阶段通常在进行施工承包商招标的时候结束，但是对于 DB/EPC/IPD(设计-施工总承包/设计-采购-施工总承包/集成产品开发)等项目实施模式来说，设计和施工是两个连续的阶段。

3. 施工阶段

施工阶段的任务是解决"怎么做"的问题,是把对建筑物的物理描述变成现实的阶段。施工阶段的基本信息是设计阶段创建的描述将要建造的建筑物的信息,传统上通过图纸进行传递。施工承包商在此基础上增加产品来源、深化设计、加工过程、安装过程、施工排序和施工计划等信息。

设计图纸的完整和准确是施工能够按时、按质完成的基本保证。大量研究和实践表明,富含信息的 3D 数字模型可以保证工程图纸质量的完整性和协调性。

4. 项目交付和试运行阶段

当项目竣工,用户开始入住或使用该建筑物时,交付就开始了,这是由施工向运营转换的一个相对短暂的时段,但通常这也是从设计和施工团队获取设施信息的最后机会。正是由于这个原因,从施工到交付和试运行的转换点被认为是项目生命周期最关键的节点。

1) 项目交付

在项目交付阶段,将交接必要的文档、进行培训、支付保留款、完成工程结算。在传统的项目交付过程中,信息集中于项目竣工文档、实际项目成本、实际工期和计划工期的比较、备用部件、维护产品和设备以及系统培训操作手册等,这些信息主要由施工团队以纸质文档形式进行递交。交付活动如下:

① 建筑和产品系统启动;
② 发放入住授权,建筑物开始使用;
③ 业主给承包商准备竣工查核事项表;
④ 运营和维护培训完成;
⑤ 竣工计划提交;
⑥ 使用和保修条款开始生效;
⑦ 最终验收检查完成;
⑧ 最后的支付完成;
⑨ 最终成本报告和竣工时间表生成。

虽然每个项目都要进行交付,但并不是每个项目都需要试运行。

2) 项目试运行

试运行是一个系统化过程,这个过程确保所有的系统和部件都能按照明细和最终用户要求,以及业主运营需要完成其相应功能。随着建筑系统越来越复杂,承包商越来越专业化,传统的验收方式已经被淘汰。根据美国建筑科学研究院的研究,一个经过试运行的建筑的运营成本要比没有经过试运行的少 8%~20%。通常,试运行的一次性投资是建造成本的 0.5%~1.5%。

5. 运营和维护阶段

虽然设计、施工和试运行等活动是在数年之内完成的,但是项目的生命周期可能会长达几十年甚至几百年,因此运营和维护是最长的阶段,当然也是成本最大的阶段。运营和维护阶段是从结构化信息递交中获益最多的项目阶段。

计算机维护管理系统和企业资产管理系统是两类分别从物理和财务角度进行设施运营

和维护信息管理的软件产品。目前情况下，自动从交付和试运行阶段为上述两类系统获取信息的能力还相当有限，信息的获取主要依靠高成本、易出错的人工干预。

运营和维护阶段的信息需求包括设施的法律、财务和物理信息等各个方面，信息的使用者包括业主运营商(包括设施经理和物业经理)、住户、供应商和其他服务提供商等。

(1) 物理信息。完全来源于交付和试运行阶段设备和系统的操作参数，质量保证书，检查和维护计划，维护和清洁用的产品、工具、备件。

(2) 法律信息。包括出租、区划和建筑编号、安全和环境法规等。

(3) 财务信息。包括出租和运营收入、折旧计划，运维成本等。

运维阶段产生的信息可以用来改善设施性能，以及支持设施扩建或清理的决策。运维阶段产生的信息包括运行水平、入住程度、服务请求、维护计划、检验报告、工作清单、设备故障时间、运营成本、维护成本等。

另外，还有一些在运营和维护阶段对建筑物造成影响的项目，如住户增建、扩建、改建以及系统或设备更新等，每一个这样的项目都有自己的生命周期、信息需求和信息源，实施这些项目最大的挑战就是根据项目变化来更新整个设施的信息库。

6. 处置阶段

建筑物的处置有资产转让和拆除两种方式。

资产转让(出售)的关键信息包括财务和物理性能数据，如设施容量、出租率、土地价值、建筑系统和设备的剩余寿命、环境整治需求等。

拆除需要的信息包括拆除的材料数量和种类、环境整治需求、设备和材料的废品价值、拆除结构所需要的能量等，其中有些信息需求可以追溯到设计阶段的计算和分析。

1.2　常见的 BIM 软件

1.2.1　BIM 应用软件的发展与形成

BIM 软件的发展离不开计算机辅助建筑设计(Computer-Aided Architectural Design，CAAD)软件的发展。

20 世纪 60 年代是信息技术应用于建筑设计领域的起步阶段，绘图和数据库管理的软件处于初期阶段，使用功能并不完善。

20 世纪 70 年代，计算机技术的发展，推动了计算机辅助软件应用于建筑设计的发展，同时还出现了能够满足建筑设计辅助应用的 CAD 系统软件，用于建筑辅助制图。

20 世纪 80 年代，微型计算机的问世对于信息技术的发展有着巨大的影响，建筑师经历了将传统的绘图板设计转向大型计算机辅助设计的过渡时期，进而又一次转向微型计算机辅助设计，AutoCAD、MicroStation、ArchiCAD 等设计软件开始应用。

20 世纪 90 年代，随着计算机技术的高速发展，网络信息化、多媒体技术、海量高科技储存器和功能强大的 CPU 芯片等的应用都为计算机辅助应用于建筑设计创造了有利条件。

1.2.2 BIM 应用软件的分类

BIM 应用软件是指基于 BIM 技术的应用软件,其具有 4 个特征,即面向对象、基于 3D 的几何模型、包含各项信息(参数化信息及其他性能等)和支持开放式标准。其功能分类如图 1-1 所示。

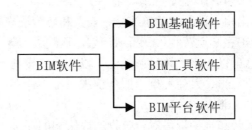

图 1-1　BIM 软件按照应用功能分类

1. BIM 基础软件

BIM 基础软件是指可用于建立能为多个 BIM 应用软件所使用的 BIM 数据的软件,目前国内外普遍使用 Autodesk 公司的 Revit 软件(如建筑设计软件可用于日照分析、能耗分析等)。

BIM 基础建模软件根据软件的应用范围,结合软件的功能可分为概念设计软件、核心建模软件两大类。BIM 基础软件主要是建筑建模工具软件,主要进行 3D 设计,所生成的模型是后续 BIM 应用的基础。

1) 概念设计软件

BIM 概念设计软件用于设计初期,是在充分理解业主设计任务书和分析业主的具体要求及方案意图的基础上,将设计任务书里基于数字的项目要求转化成基于几何形体的建筑方案,此方案用于业主和设计师之间的沟通和方案研究论证。

SketchUp 是诞生于 2000 年的 3D 设计软件,因其上手快速、操作简单而被誉为电子设计中的"铅笔"。

Affinity 是一款注重建筑过程和原理图设计的 3D 设计软件,将时间和空间相结合的设计理念融入建筑方案的每一个设计阶段。

其他的概念设计软件还有 Tekla Structure 和 Vico Office 等。

2) 核心建模软件

BIM 核心建模软件的英文名称是 BIM Authoring Software,是 BIM 应用的基础,也是在 BIM 的应用过程中碰到的第一类 BIM 软件。主流的核心建模软件如图 1-2 所示。

从图 1-2 可知,目前主要有以下四大公司提供 BIM 核心建模软件。

(1) Autodesk 公司的 Revit 建筑、结构和机电系列。它在国内民用建筑市场上携此前 AutoCAD 广布之天然优势,已占领很大市场份额。

(2) Bentley 公司的建筑、结构和设备系列。Bentley 系列产品在工业设计(石油、化工、电力、医药等)和市政基础设施(道路、桥梁、水利等)领域具有无可比拟的优势。

(3) Nemetschek Graphisoft 公司的 ArchiCAD、AllPLAN、VectorWorks 产品。其中,ArchiCAD 作为一款最早的、具有一定市场影响力的 BIM 核心建模软件,已被国内同行广为熟悉。但其定位过于单一(仅限于建筑学专业)，与国内"多专业一体化"的设计院体制严重不匹配，故很难实现市场占有率的大突破。AllPLAN 的主要市场分布在德语区，VectorWorks 则多见于欧美等工业发达国家市场。

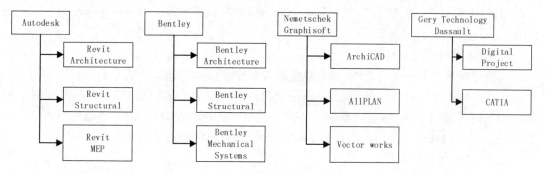

图 1-2　主流核心建模软件

(4) Gery Technology Dassault 公司的 CATIA 产品以及 Gery Technology 公司的 Digital Project 产品。其中 CATIA 是全球最高端的机械设计制造软件，在航空、航天、汽车等领域居于垄断地位，且其建模能力、表现能力和信息管理能力均比传统建筑类软件更具明显优势，但其与工程建设行业尚未能顺畅对接，这是其不足之处。Digital Project 则是在 CATIA 基础上开发的一款专门面向工程建设行业的应用软件(即二次开发软件)。

在软件选用上有以下几点建议：

① 单纯民用建筑(多专业)设计，可用 Autodesk Revit；

② 工业或市政基础设施设计，可用 Bentley 系列产品；

③ 建筑师事务所，可选择 ArchiCAD、Revit 或 Bentley 系列产品；

④ 所设计项目严重异形、购置预算又比较充裕的，可选用 Digital Project 或 CATIA。

2. BIM 工具软件

BIM 工具软件是指利用 BIM 基础软件提供的 BIM 数据，开展各种工作的应用软件。例如，利用 BIM 建筑设计的数据，进行能耗分析的软件、进行日照分析的软件、进行通风环境分析的软件、进行施工模拟的软件和生成二维图纸的软件等。Revit 既是基础软件，也是工具软件。

1) BIM 方案设计软件

常用的 BIM 方案设计软件有 Onuma Planning System、Affinity，这类软件的功能主要是把业主设计任务书里基于数字的项目要求转化成基于几何形体的建筑方案。

2) BIM 接口的几何造型软件

设计初期阶段的形体、体量研究或者遇到复杂建筑造型的情况，使用几何造型软件会比直接使用 BIM 核心建模软件更方便、效率更高，甚至可以实现 BIM 核心建模软件无法实现的功能。几何造型软件的成果可以作为 BIM 核心建模软件的输入。

目前常用几何造型软件有 SketchUp、Rhino 和 FormZ 等，其与 BIM 核心建模软件的数据传递是单向的。

3) BIM 可持续(绿色)分析软件

可持续(或绿色)分析软件可使用 BIM 模型信息，对项目进行日照、风环境、热工、景

观可视度、噪声等方面的分析和模拟。主要软件有国外的 Echotect、IES、Green Building Studio 以及国内的 PKPM、盈建科(YJK)等。

4) BIM 机电分析软件

水暖电或电气分析软件,国内产品有鸿业、博超等,国外产品有 Designmaster、IES Virtual Environment、Trane Trace 等。

5) BIM 结构分析软件

结构分析软件是目前与 BIM 核心建模软件配合度较高的产品,基本上可实现双向信息交换,即:结构分析软件可使用 BIM 核心建模软件的信息进行结构分析,分析结果对结构的调整又可反馈到 BIM 核心建模软件中去,并自动更新 BIM 模型。国外结构分析软件有 ETABS、STAAD、Robot 等,国内有 PKPM,均可与 BIM 核心建模软件配合使用。

6) BIM 深化设计软件

Xsteel 是目前最具影响力的基于 BIM 技术的钢结构深化设计软件,可使用 BIM 核心建模软件提交的数据,对钢结构进行面向加工、安装的详细设计,即生成钢结构施工图(加工图、深化图、详图)、材料表、数控机床加工代码等。

7) BIM 模型综合碰撞检查软件

模型综合碰撞检查软件的基本功能包括集成各种 3D 软件(包括 BIM 软件、3D 工厂设计软件、3D 机械设计软件等)创建的模型,并进行 3D 协调、可视化、动态模拟等,其实也属于一种项目评估、审核软件。常见模型综合碰撞检查软件有 Autodesk Navisworks、Bentley ProjectWise Navigator 和 SolibriModel Checker 等。

8) BIM 造价管理软件

造价管理软件利用 BIM 模型提供的信息进行工程量统计和造价分析,它可根据工程施工计划动态提供造价管理需要的数据,亦即所谓 BIM 技术的 5D 应用。国外 BIM 造价管理软件有 Innovaya 和 Solibri,鲁班软件则是国内 BIM 造价管理软件的代表。

9) BIM 运营管理软件

美国国家 BIM 标准委员会认为,一个建筑物完整生命周期中 75%的成本发生在运营阶段(使用阶段),而建设阶段(设计及施工)的成本只占 25%。因此可断言,BIM 模型为建筑物运营管理阶段提供服务,将是 BIM 应用的重要推动力和主要工作目标。ArchiBUS 是最有市场影响力的运营管理软件之一。

10) 2D 绘图软件

从 BIM 技术发展前景来看,2D 施工图应该只是 BIM 模型中的一个表现形式或一个输出功能而已,不再需要专门 2D 绘图软件与之配合。但是国内目前情形下,施工图仍然是工程建设行业设计、施工及运营所依据的具有法律效力的文件,而 BIM 软件的直接输出结果还不能满足现实对于施工图的要求,故 2D 绘图软件仍是目前不可或缺的施工图生产工具。在国内市场较有影响的 2D 绘图软件主要有 Autodesk 的 AutoCAD、Bentley 的 MicroStation。

11) BIM 发布审核软件

常用 BIM 发布审核软件包括 Autodesk Design Review、Adobe PDF 和 Adobe 3D PDF。正如这类软件本身名称所描述的那样,发布审核软件把 BIM 成果发布成静态的、轻型的、包含大部分智能信息的、不能编辑修改但可标注审核意见的、更多人可访问的格式(如 DWF、PDF、3D PDF 等),供项目其他参与方进行审核或使用。

12) BIM 模型检查软件

常用的 BIM 模型检查软件有 Solibri Model Checker，主要用来检查模型自身的质量和完整性。

13) 协同平台软件

常用的协同平台软件有 Bentley ProjectWise、FTP Sites 等，其主要是将项目全生命周期的所有信息进行集中并有效管理。

3. BIM 平台软件

BIM 平台软件是指能对各类 BIM 基础软件及 BIM 工具软件产生的 BIM 数据进行有效管理，以便支持建筑全生命周期 BIM 数据的共享应用的软件，能够支持项目各参与方及各专业工作人员之间通过网络高效地共享信息(如 BIM 360 软件，特点是基于 Web，提供云服务等)。

平台泛指要开展某项工作所依据的基础条件，实际上是指信息系统集成模型。系统是由一些相互联系、相互制约的若干组成部分构成的、具有特定功能的一个有机整体(集合)。因此站在信息系统的角度，平台是基础，在平台上构建相互联系、相互制约的组成(不同功能软件)部分，就成了系统。不同功能软件与平台之间依靠数据链接。数据就是指在系统上传输的各种业务数据，不同的功能软件有不同的数据格式，仅有系统和数据，没有互认的数据标准，功能软件中的特有格式数据就成为无法被其他功能软件使用的"死"数据。

BIM 是建设行业信息系统集成技术，按照美国 BIM 标准的定义：需要有一个共享平台(Model)，这个平台需要满足项目全生命周期各决策方的应用软件对 Model 的利用和创建(Modeling)，Model 和所有决策方的 Modeling 都需要按照公开的可互操作标准(数据接口标准)进行操作管理(Management)。

基于 IFC+IFD+IDM 的三大标准体系构成了真正的 BIM 系统。

1.3　BIM 的价值

建立以 BIM 应用为载体的项目管理信息化，能够提升项目生产效率、提高建筑质量、缩短工期、降低建造成本。其具体体现在以下几个方面。

1. 3D 渲染，宣传展示

3D 渲染动画，给人以真实感和直接的视觉冲击。创建好的 BIM 模型可以作为二次渲染开发的模型基础，大大提高了 3D 渲染效果的精度与效率，给业主更为直观的宣传介绍，提升中标概率。

2. 快速算量，精度提升

BIM 数据库的创建，通过建立 5D 关联数据库，可以准确、快速地计算工程量，提升施工预算的精度与效率。

3. 精确计划，减少浪费

BIM 的出现可以让相关管理部门快速、准确地获得工程基础数据，为施工企业制订精

确人才计划提供有效支撑,大大减少了资源、物流和仓储环节的浪费,为实现限额领料、消耗控制提供技术支撑。

4. 多算对比,有效管控

BIM 数据库可以实现任一时点上工程基础信息的快速获取,通过合同、计划与实际施工的消耗量、分项单价、分项合价等数据的多算对比,可以有效了解项目运营是盈是亏、消耗量有无超标、进货分包单价有无失控等问题,实现对项目成本风险的有效管控。

5. 虚拟施工,有效协同

3D 可视化功能再加上时间维度,可以进行虚拟施工。通过 BIM 技术结合施工方案、施工模拟和现场视频监测,大大降低了建筑质量问题、安全问题,减少了返工和整改。

6. 碰撞检查,减少返工

BIM 最直观的特点在于 3D 可视化,利用 BIM 的 3D 技术在前期可以进行碰撞检查,优化工程设计,减少在建筑施工阶段可能存在的错误损失和返工的可能性,且能优化净空和管线排布方案。最后施工人员可以利用碰撞优化后的 3D 管线方案,进行施工交底、施工模拟,以此提高施工质量以及与业主沟通的能力。

7. 冲突调用,决策支持

BIM 数据库中的数据具有可计量(Computable)的特点,大量工程相关的信息可以为工程提供数据后台的巨大支持。BIM 中的项目基础数据可以在各管理部门进行协同和共享,工程量信息可以根据时空维度、构件类型等进行汇总、拆分、对比分析等,保证工程基础数据及时、准确地提供,为决策者制定工程造价项目群管理、进度款管理等方面的决策提供依据。

第 2 章　Revit 基础

学习目标：

- ◆　了解软件的安装；
- ◆　了解软件激活；
- ◆　了解软件的启动；
- ◆　熟悉工作界面；
- ◆　熟悉视图选项卡。

本章导读：

　　Revit 是一个设计和记录平台，它支持建筑信息建模(BIM)所需的设计、图纸和明细表。BIM 可提供用户所需的有关项目设计、范围、数量和阶段等信息。

　　在 Revit 模型中，所有的图纸、2D 视图和 3D 视图以及明细表都是同一个虚拟建筑模型的信息表现形式。对建筑模型进行操作时，Revit 将收集有关建筑项目的信息，并在项目的其他所有表现形式中协调该信息。Revit 参数化修改引擎可自动协调在任何位置(模型视图、图纸、明细表、剖面和平面中)进行的修改。在 Revit 中，每个版本界面略有区别，为了能够更好地简化软件操作流程，快速完成设计，需要熟悉软件界面及工具的具体使用方法。

2.1　软件的安装

2.1.1　安装软件

　　首先在官方网站下载 Revit 2018 试用版或购买正版软件，右击下载的软件，在弹出的快捷菜单中选择"以管理员身份运行"命令解压到临时文件夹，解压完成后会自动进入到安装程序。如未进入安装程序，可以在临时文件夹中右击 Setup.exe，在弹出的快捷菜单中选择"以管理员身份运行"命令，初始界面如图 2-1 所示。

软件安装(微课)

　　单击右下角"安装"按钮，即可安装 Revit2018 软件，单击"退出"按钮则退出安装程序。单击"安装"按钮后进入"许可协议"界面，如图 2-2 所示。

　　选中"我接受"，单击"下一步"按钮进入"配置安装"界面。

图 2-1　Revit 2018 的初始安装界面

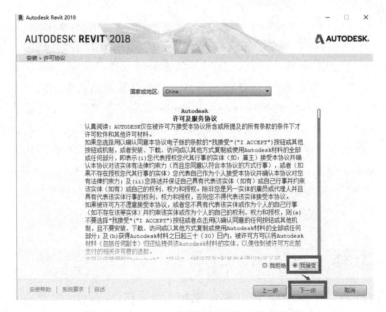

图 2-2　Revit 2018 的软件许可及服务协议

在安装选项中，"配置安装"中使用默认的全选(如果漏选配置安装，会导致后期默认数据库不全)，安装路径可以选择默认也可以自行修改安装位置(此处安装路径的选择中，不支持中文地址)，单击"安装"按钮进行安装，如图 2-3 所示。

安装时，由于计算机性能不同，安装持续的时间长短也不同，耐心等待即可，如图 2-4 所示。安装完成后桌面会出现 Revit 2018 的图标 。

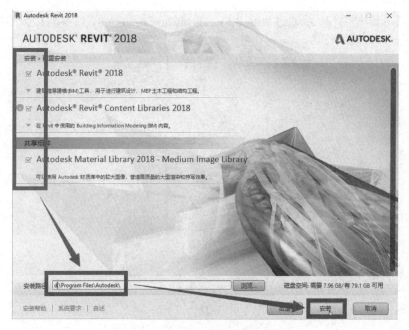

图 2-3　Revit 2018 的安装选项界面

图 2-4　Revit 2018 的安装进度界面

注意：如果计算机弹出"是否阻止安装"的提示时，单击"允许"按钮即可。如果单击"阻止"按钮，软件会自动停止安装。

2.1.2　软件激活

双击桌面上的 Revit 2018 图标即可运行软件，软件可以试用 30 天，用户可通过购买软

件激活码获得永久使用权，或通过 Autodesk Education Community 获得教育访问权限的激活码。

单击"输入序列号"，如图 2-5 所示，进行软件激活。

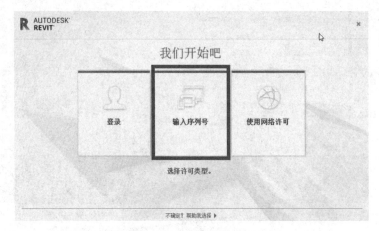

图 2-5　选择许可类型

进入激活界面后，单击"激活"按钮，如图 2-6 所示。

图 2-6　Revit 2018 的激活界面

输入获取的序列号和产品密钥，单击"下一步"按钮，如图 2-7 所示。

进入新的界面后，选中"我具有 Autodesk 提供的激活码"，将购买或申请的激活码输入到对应的激活码框中，单击"下一步"按钮，如图 2-8 所示。完成激活后软件界面如图 2-9 所示。

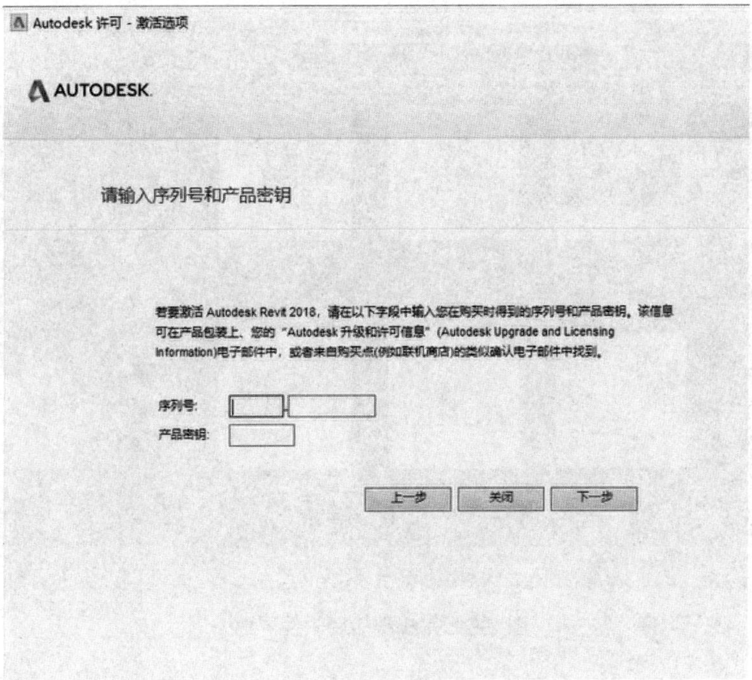

图 2-7　Revit 2018 的序列号和产品密钥输入界面

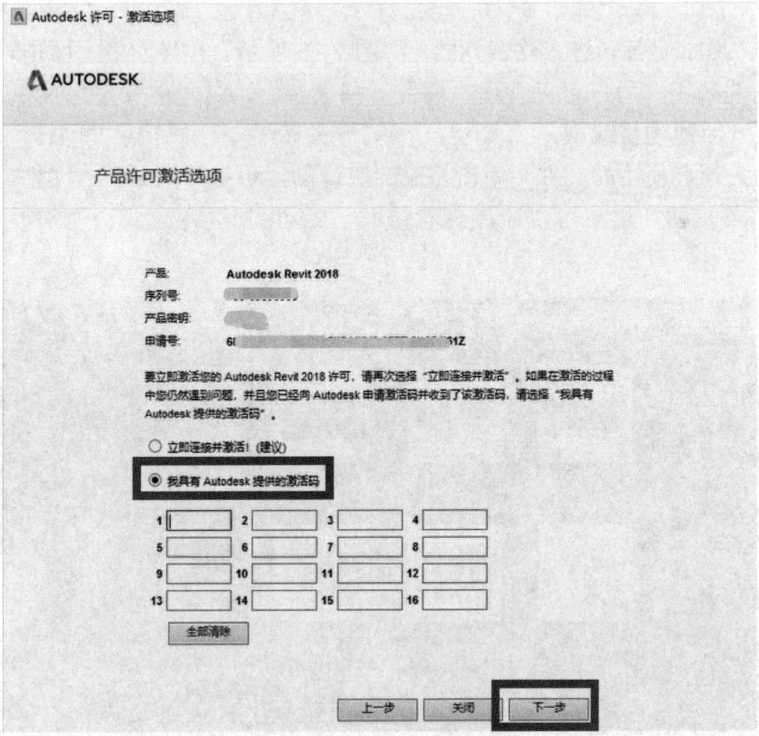

图 2-8　激活码的输入界面

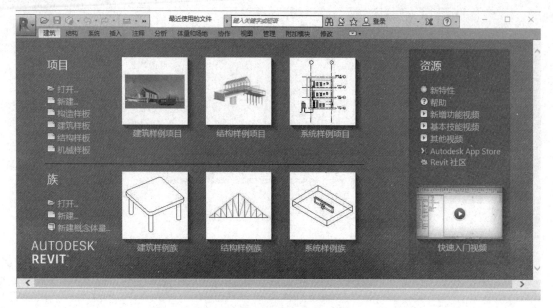

图 2-9　完成激活后软件界面

2.2　启 动 界 面

打开 Revit 2018 之后,进入欢迎界面,如图 2-10 所示。在界面最上面是软件选项卡区,在界面最左侧的区域,用户可以管理"项目"和"族",这里的管理包括以合适的样板文件为基础打开、新建项目或族。

中间部分为最近使用的文件,单击相应的快捷图标可打开项目或族文件。

右侧是相关帮助,用户可以通过查看帮助、Revit 社区等方式快速掌握 Revit 的使用方法。

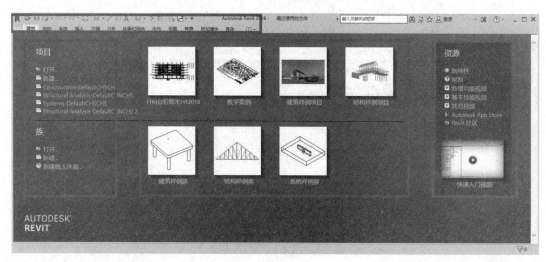

图 2-10　欢迎界面

2.3 工 作 界 面

工作界面(微课)

如图 2-11 所示，在 Revit 2018 中将工作界面分成了若干个区域，各区域相互协作，构建了完整的工作界面。

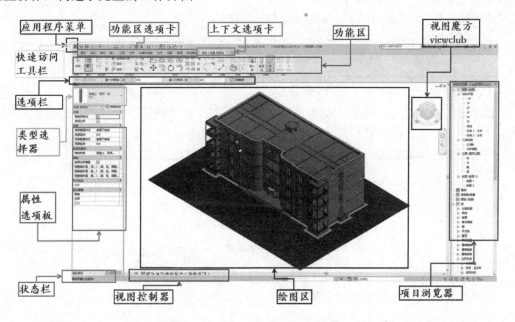

图 2-11 Revit 2018 的工作界面

2.3.1 应用程序菜单

文件菜单提供了常用的文件操作命令，如"新建""打开"和"保存"。还允许使用更高级的工具(如"导出"和"发布")来管理文件。

单击"文件"按钮打开文件菜单，如图 2-12 所示。要查看每个菜单项的选择项，可单击其右侧的箭头，就可在列表中选择所需的项。

作为一种快捷方式，可以单击文件菜单中(左侧)的主要按钮来执行默认的操作。

在文件菜单上，单击"最近使用的文档"按钮，可以看到最近所打开文件的列表。使用该下拉列表可以修改最近所用文档的排序顺序。使用图钉可以使文档始终留在该列表中，而无论打开文档的时间距现在多久。

图 2-12 单击"文件"按钮弹出
文件菜单

2.3.2　快速访问工具栏

快速访问工具栏包含一组默认工具，也可以对该工具栏进行自定义，使其显示最常用的工具，如图 2-13 所示。快速访问工具栏中默认的按钮依次为"打开""保存""同步""放弃""重做""测量""标注""标记""文字""默认三维视图""剖面""细线""关闭隐藏窗口""切换窗口"，这些均为常用按钮。

图 2-13　快速访问工具栏

快速访问工具栏可以显示在功能区的上方或下方。如需设置，可在快速访问工具栏上单击"自定义快速访问工具栏"下拉按钮，在下拉列表中选择"在功能区下方显示"。

在上下文选项卡中可将工具添加到快速访问工具栏中，如图 2-14 所示。

图 2-14　添加到快速访问工具栏

注意：上下文选项卡上的某些工具无法添加到快速访问工具栏中。

如果从快速访问工具栏删除了默认工具，可以在"自定义快速访问工具栏"的下拉列表中选择要添加的工具，来重新添加这些工具。

2.3.3　选项栏

选项栏位于功能区下方。其内容因当前工具或所选图元而异，如图 2-15 所示。

要将选项栏移动到 Revit 窗口的底部(状态栏上方)，可在选项栏上右击，在弹出的快捷菜单中选择"固定在底部"命令。

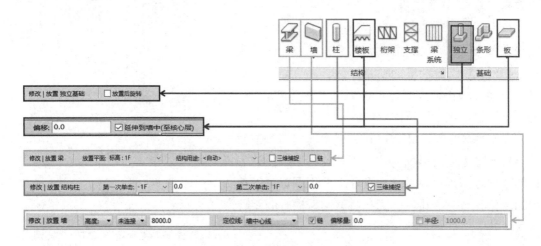

图 2-15　不同功能区的选项栏不同

2.3.4　"属性"选项板

"属性"选项板是一个非模态对话框(也称无模式对话框),通过该对话框可以查看和修改用来定义 Revit 中图元属性的参数。

1. 类型选择器

类型选择器是"属性"选项板顶部的功能选项,用来放置处于活动状态图元的工具。"类型选择器"标识当前选择的族类型,并提供一个可从中选择其他类型的下拉列表,如图 2-16 所示。

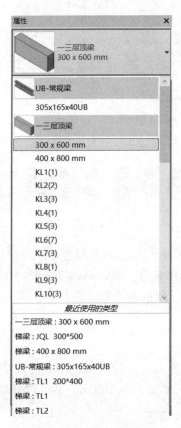

图 2-16　类型选择器

2. 属性过滤器

类型选择器的正下方是一个过滤器,该过滤器用来标识将由工具放置的图元类别,或者标识绘图区域中所选图元的类别和数量。如果选择了多个类别或类型,则选项板上仅显示所有类别或类型所共有的实例属性,如图 2-17 所示。

2.3.5　视图控制栏

"视图控制栏"位于视图窗口底部,状态栏的上方,是可以快速访问编辑当前视图的工具的集合,如图 2-18 所示。

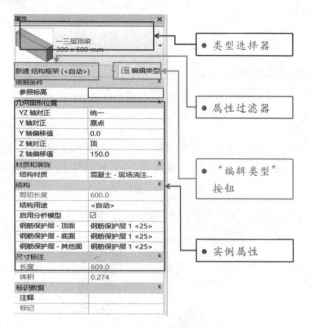

图 2-17 "属性"选项板

图 2-18 视图控制栏

图 2-18 中标号 1~13 分别为比例、详细程度、视觉样式、打开/关闭日光路径、打开/关闭阴影、裁剪视图、显示/隐藏裁剪区域、解锁/锁定的 3D 视图、临时隐藏/隔离、显示隐藏的图元、临时视图属性、显示分析模型和高亮显示位移集。

2.3.6 状态栏

状态栏沿应用程序窗口底部显示。使用某一工具时，状态栏左侧会提供一些技巧或提示，告诉用户做些什么。高亮显示图元或构件时，状态栏会显示族或类型的名称，如图 2-19 所示。

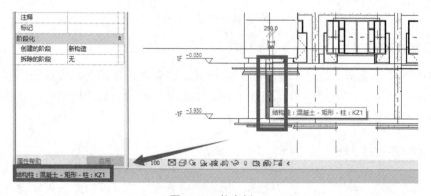

图 2-19 状态栏

2.3.7　绘图区域

Revit 窗口中的绘图区域显示当前项目的视图(以及图纸和明细表)。每次打开项目中的某一视图时，默认情况下此视图会显示在绘图区域中其他打开的视图上面。虽然其他视图仍处于打开的状态，但是这些视图在当前视图的下面，如图 2-20 所示。

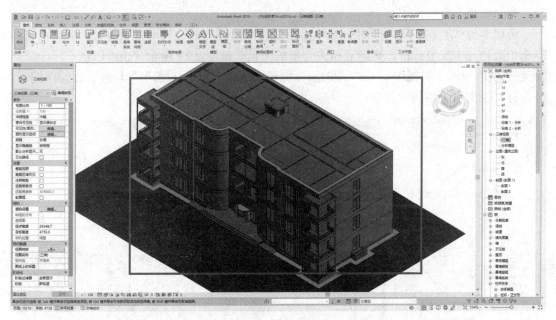

图 2-20　绘图区域

2.3.8　功能区

创建或打开文件时会显示功能区，它提供创建项目或族所需的全部工具，如图 2-21 所示。

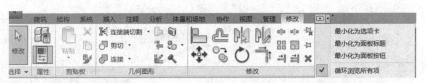

图 2-21　功能区的"修改"选项卡中的选项组与选项

调整窗口的大小时，功能区中的工具会根据可用的空间自动调整大小。该功能使所有按钮在大多数屏幕尺寸下都可见。

2.4　"视图"选项卡

功能区的"视图"选项卡中包含"图形""演示视图""创建"等选项组，其中常用功能选项有可见性、过滤器、细线、三维视图、剖面视图、平面视图、用户界面等。

2.4.1 可见性设置

可见性设置用于控制视图中的每个类别将如何显示。在设置可见性的对话框中的选项卡可将类别组织为逻辑分组，即"模型类别""注释类别""分析类别""导入类别"和"过滤器"。每个选项卡下的类别表可按规程进一步过滤为"建筑""结构""机械""电气"和"管道"。

可以通过"视图"选项卡中的"可见性/图形"按钮打开设置可见性的对话框，在该对话框中取消选中某复选框，则隐藏相关类型的图元，如图 2-22 所示。也可以在不选中任何图元的前提下(即当前视图)，在视图的属性面板中单击"可见性/图形"替换右边的"编辑"按钮打开设置可见性的对话框。

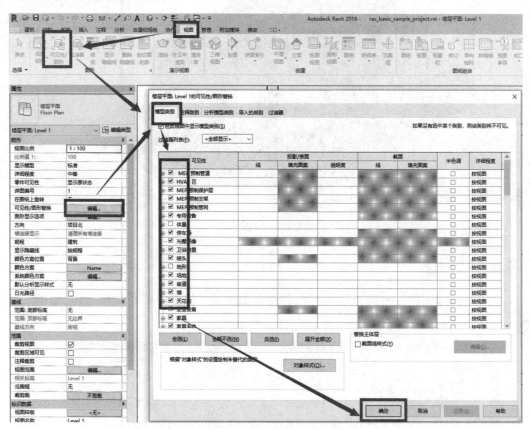

图 2-22 视图可见性设置

在"可见性/图形替换"对话框中，勾选"家具"复选框，则家具在当前视图中可见，取消勾选某复选框，则对应的元素在当前视图中不可见，如取消勾选"家具"复选框，则家具类图元均被隐藏，如图 2-23 所示。

注意："可见性/图形替换"只控制当前视图，当打开其他视图时，则需要重新设置其可见性。例如，在首层平面图中隐藏了"家具"，打开二层平面图时，"家具"的图元设置仍保持默认的可见。

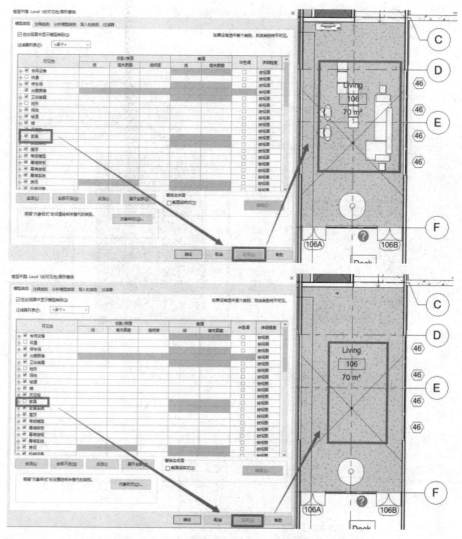

图 2-23　可见性设置不同时的显示对比

2.4.2　过滤器的使用

当选择中包含不同类别的图元时，可以使用过滤器从选择中排除不需要选中的类别。例如，如果选择的图元中包含墙、门、窗和家具，可以使用过滤器将家具从选择中排除。

在绘图区，使用鼠标从右向左拉框，选中各种图元，在"修改"功能区单击"过滤器"按钮，在弹出的"过滤器"对话框中只选中"家具"复选框，如图 2-24 所示。单击"确定"按钮，则只剩家具图元被选中，如图 2-25 所示。

2.4.3　细线功能

在 Revit 中不同图元的显示线条默认线宽不同，当线条比较密集时，不同的宽度线条集中在一起时，难以区分。通过细线功能关闭线宽，让所有线条宽度均为 0，易于区分图元，如图 2-26 所示。

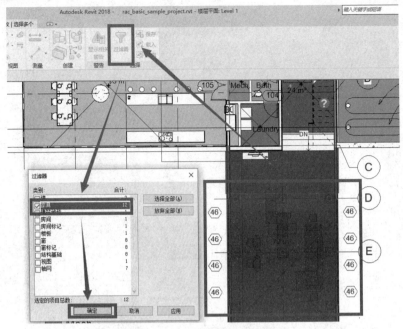

图 2-24 "过滤器"的设置

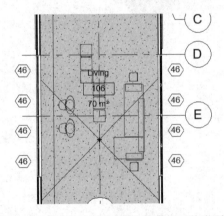

图 2-25 使用过滤器过滤掉除家具以外类别

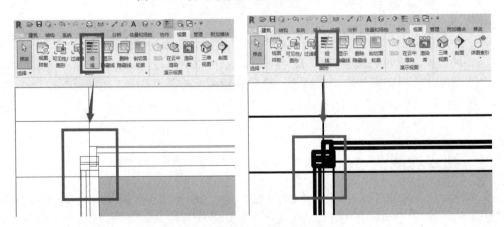

图 2-26 细线功能开启与未开启对比

2.4.4　三维视图

在 Revit 中的三维视图中包含透视和正交两种显示模式。可以使用透视和正交三维视图来显示建筑模型，并添加和修改建筑图元。

可以在三维视图中构建大多数建模类型。在透视视图中，无法添加注释，但可以使用临时尺寸标注。

1. 透视三维视图

在透视视图中，图元越远则显示得越小，图元越近则显示得越大，如图 2-27 所示。创建或打开透视三维视图时，视图控制栏会指示该视图为透视视图。

图 2-27　透视三维视图

2. 正交三维视图

在正交三维视图中，不管相机距离的远近，所有图元的大小均相同，如图 2-28 所示。

2.4.5　剖面视图

1. 剖面图的创建

在 Revit 中可以创建建筑、墙和详图剖面视图。每种类型都有唯一的图形外观，且每种类型都列在项目浏览器下的不同位置处。建筑剖面视图和墙剖面视图分别显示在项目浏览器的"剖面(建筑剖面)"分支和"剖面(墙剖面)"分支中。详图剖面的按钮显示在功能区的"视图"选项卡的"创建"选项组中，或者在默认的快速访问工具栏中，如图 2-29 所示。创建剖面视图如图 2-30 所示，创建的剖面图如图 2-31 所示。

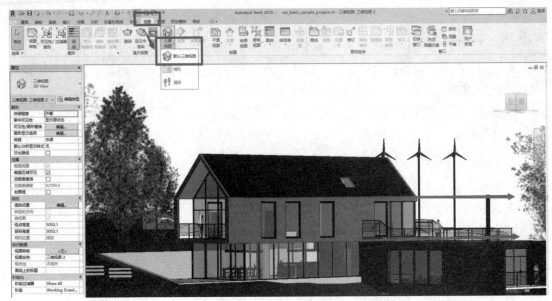

图 2-28　正交三维视图

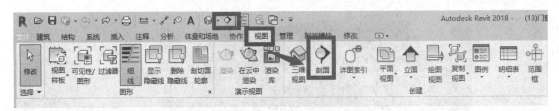

图 2-29　剖面图功能按钮的位置

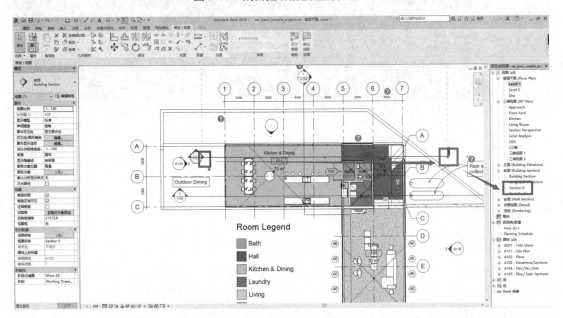

图 2-30　创建剖面视图

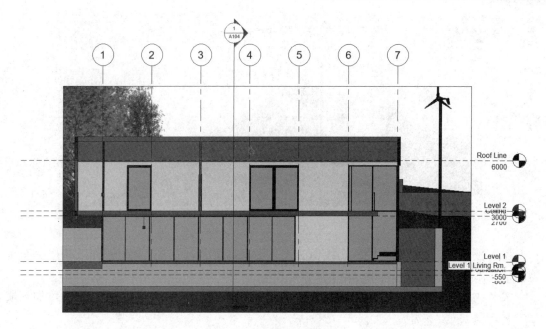

图 2-31　创建的剖面图

2. 剖面视图的深度和宽度

创建剖面视图时，Revit 会设置默认的视图深度和宽度。通过选择剖面并调整其裁剪区域的大小，可以更精确地控制剖面视图的显示，如图 2-32 所示，虚线框中是剖面视图的宽度和深度，根据需要拖曳裁剪区域上的控制柄，可以调整剖面视图的宽度和深度。

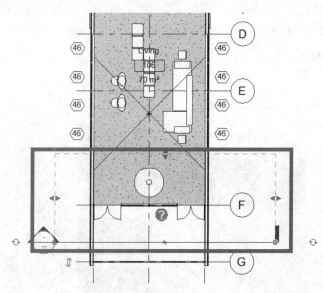

图 2-32　剖面视图的宽度和深度

2.4.6　平面视图

在平面视图中，可显示楼层平面、天花板投影平面或结构平面，如图 2-33 所示。

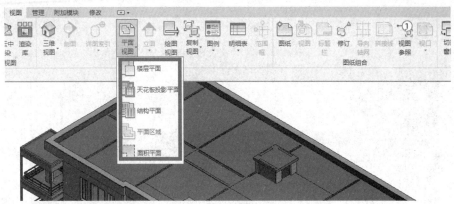

图 2-33　平面视图

　　楼层平面是新建筑项目的默认视图。大多数项目至少包含一个楼层平面。楼层平面在将新标高添加到项目中时自动创建。

　　大多数项目至少包含一个天花板投影平面(RCP)。天花板投影平面在将新标高添加到项目中时自动创建。

　　结构平面是使用结构样板开始新项目时的默认视图。大多数项目至少包含一个结构平面。结构平面在将新标高添加到项目中时自动创建。

2.4.7　用户界面

　　用户界面用于控制用户界面组件(包括状态栏和项目浏览器)的显示。要显示某个用户界面组件,选中其对应的复选框即可。同理,要将组件从用户界面中删除,取消选中其对应的复选框即可,如图 2-34 所示。

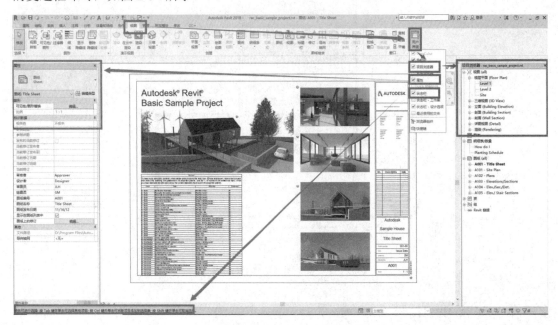

图 2-34　用户界面设置

2.5　常用功能简介

2.5.1　鼠标的使用

1. 左键单击

在 Revit 中，鼠标左键单击是选择单个图元最常规的操作，如图 2-35 所示，在选择某图元时，需要通过单击图元轮廓来选择图元。

鼠标左键单击需要选中的构件或图元后，按住 Ctrl 键再单击可以进行加选，按住 Shift 键再单击可以进行减选。如果图元附近有很多图元，无法直接单击选中时，可以先将鼠标指向图元的边缘，然后利用 Tab 键去进行预先的切换选择，找到需要选中的图元后再单击。

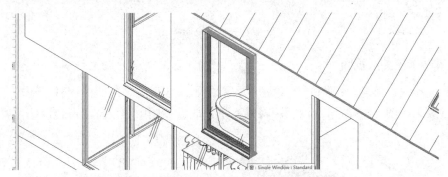

图 2-35　鼠标左键单击图元轮廓选择图元

2. 左键拉框选择

按住鼠标左键从左向右框选时，构件或图元全部都在框内才会被选中，如图 2-36 所示；按住鼠标左键从右向左框选时，只要框到了构件或图元的一部分，整体就会被选中，如图 2-37 所示。按住 Ctrl 键再框选可以进行加选，按住 Shift 键再框选可以进行减选。

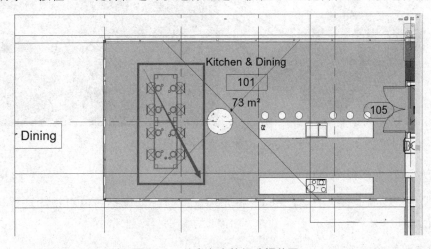

图 2-36　从左向右拉框选择范围

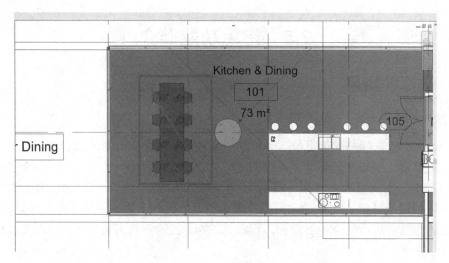

图 2-37　从右向左拉框范围

3. 滚动滚轮缩放视图

向前滚动鼠标滚轮，视图便会放大，效果如图 2-38 所示。向后滚动鼠标滚轮，视图便会缩小，效果如图 2-39 所示。注意：将鼠标指针放置在图中的位置，便会以此位置为中心进行缩放。

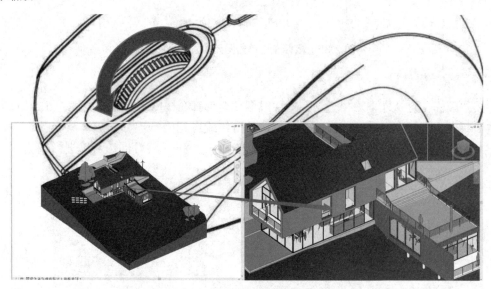

图 2-38　向前滚动滚轮视图放大

4. 拖动滚轮平移视图

按住鼠标滚轮后，鼠标指针变成平移光标，此时拖动鼠标可以对视图进行平移，如图 2-40 所示。

5. 双击滚轮全局缩放

鼠标放置在绘图区的任意位置后，双击鼠标滚轮，可以实现全局缩放，即让所有构件图元均显示在绘图区内。

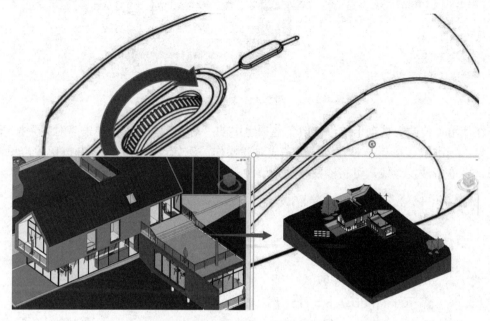

图 2-39　向后滚动滚轮视图变小

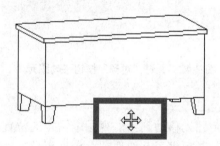

图 2-40　按住滚轮鼠标变成平移光标

6. Ctrl 键+鼠标滚轮

按住键盘上的 Ctrl 键+鼠标滚轮，向上拖动鼠标，则可以当前视图的中心点为中心缩小视图，向下拖动鼠标，则可以当前视图的中心点为中心放大视图。

7. Shift 键+鼠标滚轮

在三维视图下，按住键盘上的 Shift 键+鼠标滚轮，同时移动鼠标，则可实现视图的自由旋转。

2.5.2　修改功能区

1. 对齐

"对齐"工具可将一个或多个图元与选定图元对齐，如图 2-41 所示。详细应用见 5.1.2 节"对齐 YBZ1"的内容。

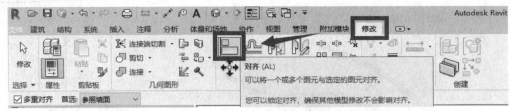

图 2-41　对齐

在使用"修改"选项卡的"修改"选项组中的"对齐"按钮时，单击"对齐"按钮后，要先单击基准线，再单击对齐线才可完成对齐操作。例如，单击"对齐"按钮后，单击墙边线，再单击沙发边线，可将沙发移动到墙边，如图 2-42 所示。

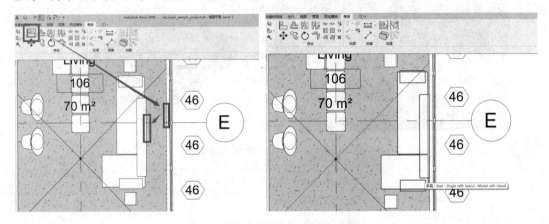

图 2-42　通过"对齐"按钮移动图元

2. 移动

"移动"工具用于将选定图元移动到当前视图中指定的位置，也可以通过拖曳图元来移动图元。但是，"移动"工具提供了其他选项并允许更精确地放置图元。"移动"工具的具体应用详见 5.1.1 节"移动构件"的内容。

单击选中要移动的图元，或者通过拉框选中多个图元，单击"移动"按钮，再单击移动时的捕捉点，进行移动。当开启"约束"功能时，只能水平或垂直移动，在移动时可以通过输入移动距离实现精准移动，如图 2-43 所示。也可以通过捕捉目标位置点实现精确移动。

3. 复制

"复制"工具可复制一个或多个选定图元，并可随机在图纸中放置这些副本。

"复制"工具与"复制到剪贴板"工具不同。要复制某个选定图元并立即放置该图元时(如在同一个视图中)，使用"复制"工具。在某些情况下使用"复制到剪贴板"工具，例如，需要在放置副本之前切换视图时。

单击要复制的图元，在功能区单击"修改"选项卡的"修改"选项组中的"复制"按钮，再单击复制的捕捉点，移动光标至目标位置，单击鼠标，即可完成复制，如图 2-44 所示。当需要一次性复制多个图元时，则在选项栏勾选"多个"，当需要保持水平或者竖直移动图元时，则勾选"约束"，可以让复制的图元保持水平或竖直移动。

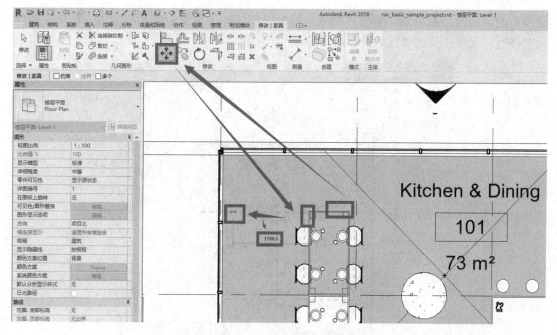

图 2-43　通过"移动"按钮移动图元

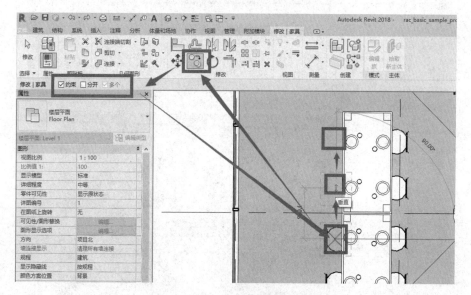

图 2-44　复制构件

4. 镜像

"镜像"工具可使用一条线作为镜像轴，来反转选定模型图元的位置。

可以拾取镜像轴，也可以绘制临时轴。使用"镜像"工具可反转所选定的图元，或者生成图元的一个副本并反转其位置。

拉框选择需要镜像的图元，在功能区的"修改|选择多个"选项卡的"修改"选项组中单击"镜像－拾取轴"按钮，再单击目标镜像轴，即可完成图元的镜像，如图 2-45 所示。

通过绘制轴完成复制工作时，拉框选择需要镜像的图元，在功能区的"修改|选择多个"

选项卡的"修改"选项组中单击"镜像－绘制轴"按钮，单击镜像轴的起点，再单击镜像轴的终点，完成图元的镜像如图 2-46 所示。

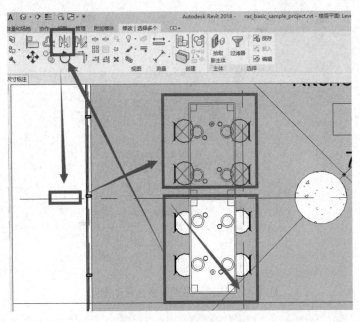

图 2-45　拾取轴镜像图元

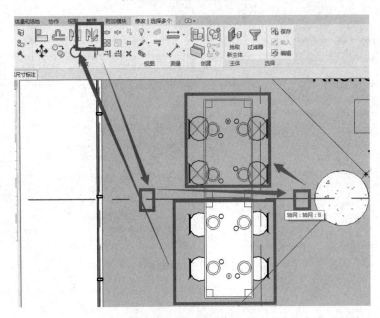

图 2-46　绘制轴镜像图元

5. 修剪/延伸

"修剪"和"延伸"工具用于修剪或延伸一个或多个图元至由相同的图元类型定义的边界，也可以用于延伸不平行的图元以形成角，或者在它们相交时对它们进行修剪以形成角。选择要修剪的图元时，光标位置指示要保留的图元部分。

1）修剪/延伸为角

在功能区单击"修改"选项卡的"修改"选项组中的"修剪/延伸为角"按钮，单击要保留部分，再单击要延伸部分，即可完成"修剪/延伸为角"操作，如图 2-47 所示。

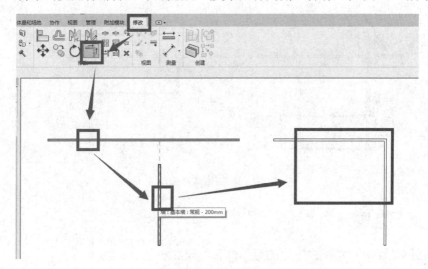

图 2-47　修剪/延伸图元

2）修剪/延伸单个图元

在功能区单击"修改"选项卡的"修改"选项组中的"修剪/延伸单个图元"按钮，单击边界线，再单击要延伸的图元，即可完成"修剪/延伸单个图元"操作，如图 2-48 所示。

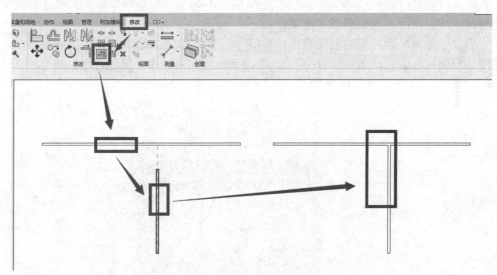

图 2-48　修剪/延伸单个图元

3）修剪/延伸多个图元

在功能区单击"修改"选项卡的"修改"选项组中的"修剪/延伸多个图元"按钮，单击边界线，拉框选择要延伸或修剪的多个图元，即可完成"修剪/延伸多个图元"操作，如图 2-49 所示。

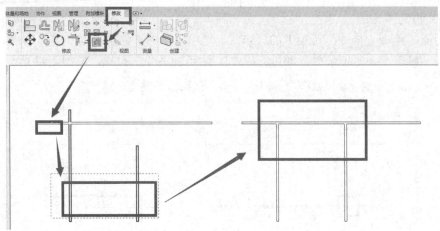

图 2-49　延伸/修剪多个图元

2.5.3　视图范围

视图范围是控制对象在视图中的可见性和外观的水平平面集。

每个平面图都具有视图范围属性，该属性也称为可见范围。定义视图范围的水平平面为"俯视图""剖切面"和"仰视图"。顶剪裁平面和底剪裁平面表示视图范围的最顶部和最底部的部分。剖切面是一个平面，用于确定特定图元在视图中显示为剖面时的高度。这 3 个平面可以定义视图的主要范围。

视图深度是主要范围之外的附加平面。更改视图深度，以显示底裁剪平面下的图元。默认情况下，视图深度与底剪裁平面重合。

下面立面显示平面视图的视图范围：顶部①、剖切面②、底部③、偏移(从底部)④、主要范围⑤和视图深度⑥，如图 2-50 所示。在该平面视图范围下，平面视图如图 2-51 所示。

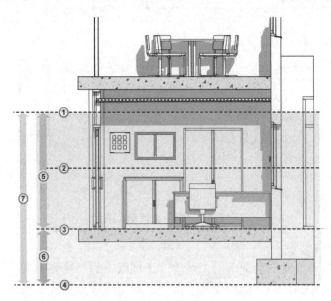

图 2-50　视图范围示意图

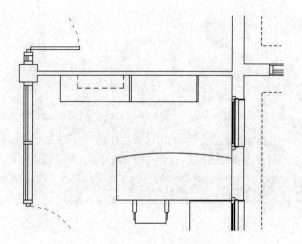

图 2-51　视图范围下的平面视图

第 3 章　标高和轴网

学习目标：

◆ 了解结构样板、建筑样板与构造样板的选用；

◆ 了解视图的重命名；

◆ 熟悉平面视图的创建；

◆ 熟悉参照平面的使用；

◆ 掌握拾取线的使用；

◆ 掌握楼层的创建；

◆ 掌握标高创建。

本章导读：

在用 BIM 建模时，首先要完成的是 BIM 模型的定位，定位分为高度上和平面位置上的定位。在高度上，相对位置通过创建楼层实现。在平面位置上，相对通过 2D 轴网来确定。楼层标高和平面轴网也是施工中的定位依据。

在 Revit 中，标高与轴网是建筑构件在平面视图、立面视图与剖面视图中定位的重要依据，是学习 Revit 绘图的开始与基础。使用"标高"工具，可定义垂直高度或建筑内的楼层标高。可为每个已知楼层或其他必需的建筑参照(如第二层、墙顶或基础底端)创建标高。

3.1　新　建　项　目

1. 打开 Revit 2018

双击 Revit 图标 R，进入软件欢迎界面。

2. 新建项目

单击"项目"选项组中的"新建"按钮，弹出"新建项目"对话框，在"样板文件"下拉列表框中选择"结构样板"选项，"新建"选项组中选中"项目"，单击"确定"按钮完成新建项目，如图 3-1 所示。

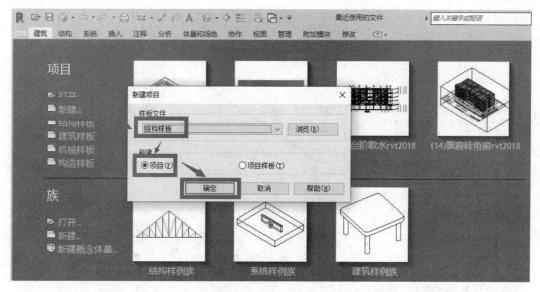

图 3-1　新建项目

3.2　创建标高

1. 切换至任意立面图

在"项目浏览器"中找到"东"立面图并双击，进入"东"立面图，如图 3-2 所示。

创建标高(微课)

图 3-2　打开立面图

注意：创建楼层时需要在立面图操作，软件默认有"东""西""南""北"4 个立面，可以在任意一个立面创建楼层。

2. 修改"标高 1"标高

单击"±0.000"，再次单击并修改为-0.05，在空白区单击或按 Enter 键确认，如图 3-3 所示。

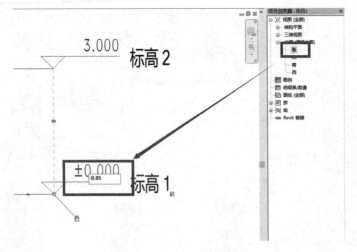

图 3-3　修改"标高 1"

3. 修改"标高 1"标头

单击标高线，选中"标高 1"，在"属性"选项板中单击"编辑类型"，弹出"类型属性"对话框，将类型"正负零标高"切换成"上标头"，单击"确定"按钮，如图 3-4 所示。

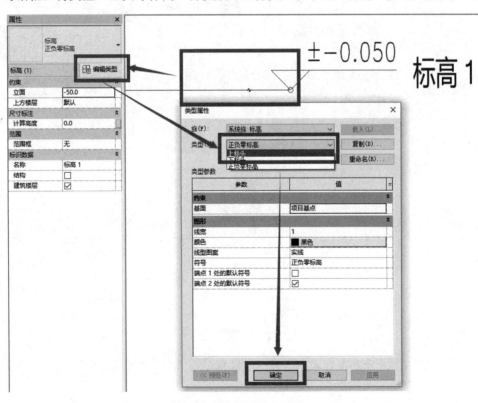

图 3-4　修改标高标头属性

4. 修改"标高 1"名称

单击标高线，选中"标高 1"，单击"标高 1"，修改为 1F，弹出"是否希望重命名相应视图？"对话框，单击"是"按钮确认。在"项目浏览器"中的"结构平面"中"标高 1"将会同步修改为 1F，如图 3-5 所示。

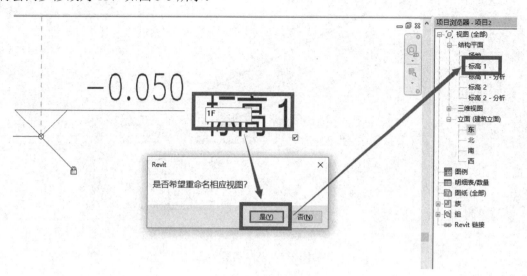

图 3-5 修改标高名称

依此操作，将"标高 2"修改为 2F，如图 3-6 所示。

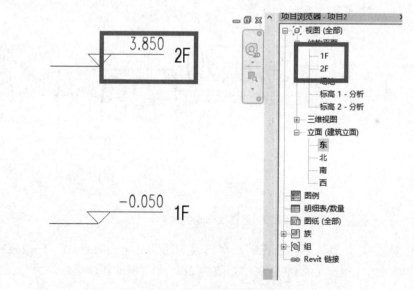

图 3-6 标高名称修改结果

5. 复制标高

单击 1F 标高线，选中标高 1F，在功能区的"修改|标高"选项卡的"修改"选项组中单击"复制"按钮，选中选项栏中"约束"复选框，再单击 1F 标高线，向下拖动鼠标，输入 3900(单位：mm)，如图 3-7 所示。

注意："约束"可以限制复制过程中的移动方向只能是水平或垂直，后文中会经常用到。

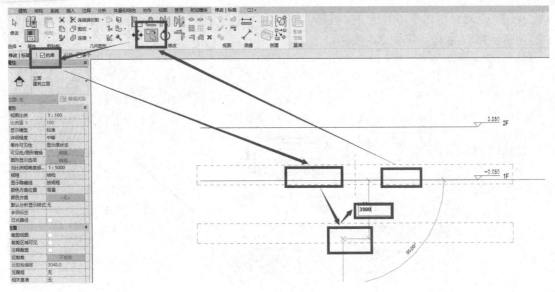

图 3-7　复制楼层

6. 修改标高名称

单击复制后新的标高 2G。输入"-1F"，按 Enter 键确认，如图 3-8 所示。

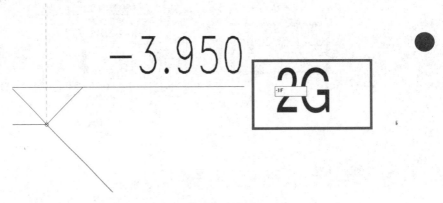

图 3-8　修改标高名称

注意：复制楼层时，默认名称会在上一次修改的基础上向上增加，即 1→2→3 或 A→B→C 等。在本案例中，上一次的楼层名称修改为 2F，在生成的新楼层中，编号在 2F 的基础上顺延为 2G。

7. 复制到其他楼层

单击 2F 标高线，在功能区的"修改|标高"选项卡的"修改"选项组中单击"复制"按钮，选中选项栏中的"约束"和"多个"复选框，依次输入 3600、3600 和 3350 并按 Enter 键确认，如图 3-9 所示。

注意："多个"功能可以连续复制多次，后文中会经常用到。

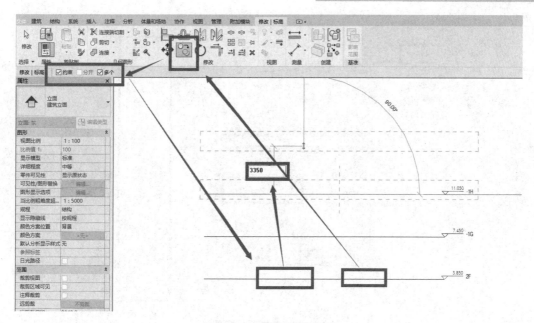

图 3-9　连续复制楼层

8. 修改楼层名称

依次将复制来的 3 层标高线名称修改为 3F、4F、5F，方法同上，如图 3-10 所示。

图 3-10　修改楼层名称

注意：楼层的名称也可以在复制完成后统一修改。

9. 修改标高属性

从右向左拉框选择所有楼层标高线，单击"属性"选项板中的"编辑类型"，在弹出的对话框中将"端点 1 处的默认符号"和"端点 2 处的默认符号"后面的复选框均选中，如图 3-11 所示。

注意：在绘图区拉框选择需要根据建模需求从左向右或从右向左。

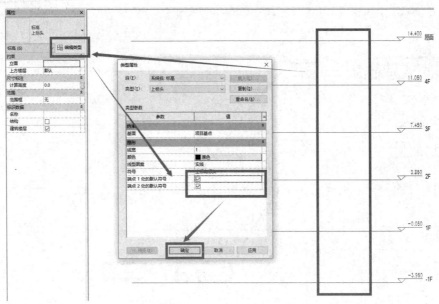

图 3-11　修改楼层标高属性

10. 创建结构平面

在功能区的"视图"选项卡的"创建"选项组中单击"平面视图"按钮，在弹出的下拉菜单中选择"结构平面"，在弹出的对话框中拉框选择-1F、3F、4F、屋面 4 个标高，单击"确定"按钮确认，完成标高创建，如图 3-12 所示。

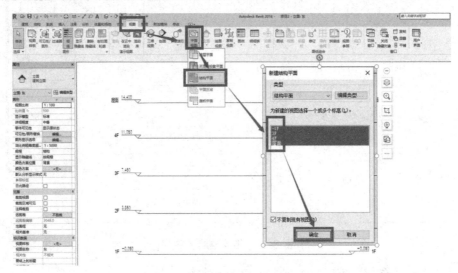

图 3-12　创建结构平面

注意：(1) Revit 中支持拉框选择、Shift 键选择和 Ctrl 键选择。

(2) 在 Revit 的立面图中，复制后的楼层标高只是标高，需要在平面视图中新建平面图，在"项目浏览器"中才能出现相应的楼层，如图 3-13 所示。

图 3-13 "项目浏览器"中的结构平面图

3.3 创 建 轴 网

创建轴网(微课)

3.3.1 打开平面图

在"项目浏览器"中双击-1F，进入-1F 层平面图，如图 3-14 所示。

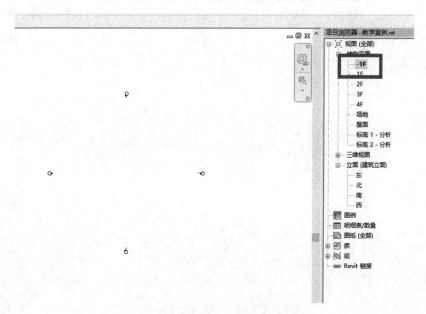

图 3-14 打开-1F 层平面图

注意：在"项目浏览器"的视图区中，双击图名，可以打开新的视图，原视图会被隐藏在当前视图后侧，可以通过"切换视图"按钮，或者双击视图名称回到之前的视图中。

3.3.2 直线轴网

1. 进入轴网

在功能区的"建筑"或"结构"选项卡中单击"基准"选项组中的"轴网"按钮，进入轴网绘图界面，如图 3-15 所示。

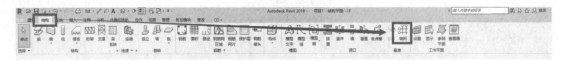

图 3-15 "结构"选项卡中的"轴网"按钮

注意：在功能区的"建筑"选项卡和"结构"选项卡中均有轴网、设置、显示、参照平面等功能按钮或选项，该部分功能或选项在两个选项卡中的功能一致。

2. 绘制竖向轴线

在功能区的"修改|放置轴网"选项卡的"绘制"选项组中单击"直线"按钮，在绘图区单击①轴线的起点并向下拖动鼠标，再单击①轴线终点，完成第一条轴线的绘制，如图 3-16 所示。右击并在弹出的快捷菜单中选择"取消"命令，再一次右击，在弹出的快捷菜单中选择"取消"命令。

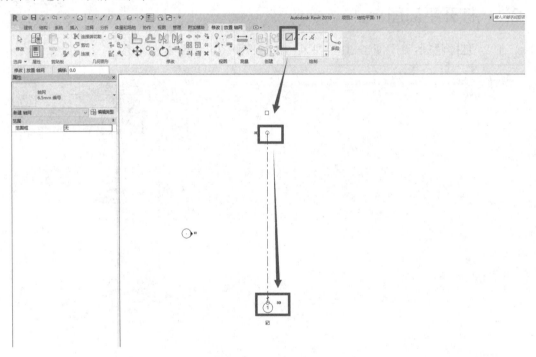

图 3-16 ①轴线的绘制

注意：连续两次右击并在弹出的快捷菜单中选择"取消"命令，第一次"取消"是退出当前的直线绘制，第二次"取消"是退出轴网绘制。在以后的绘图中，会经常遇到连续两次取消的情况。

3. 复制轴线

单击选中①轴线，自动进入"修改"选项卡，单击"修改"选项组中的"复制"按钮，在选项栏中选中"约束"和"多个"复选框，再次单击①轴线，向右移动鼠标后，输入第一个间距 3300，按 Enter 键完成第一次轴线复制操作，如图 3-17 所示。

继续输入 6000、6000、7200、6000、6000 和 3300。每输入一次间距，按一次 Enter 键。

完成 1～8 轴的绘制，如图 3-18 所示。

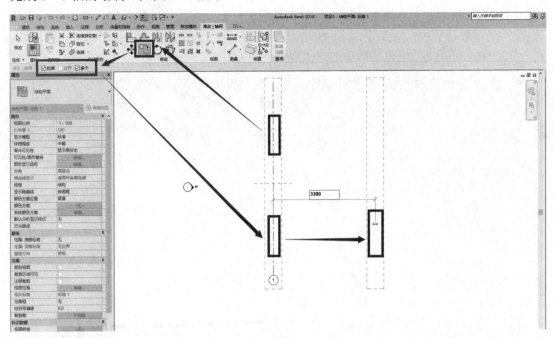

图 3-17　复制第一条轴网

注意：轴网默认单位为 mm。在 Revit 软件中，除标高以 m 为单位外，其余尺寸均以 mm 为单位。

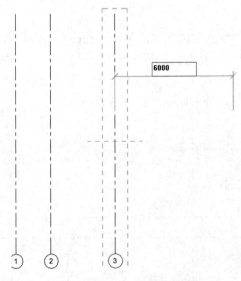

图 3-18　复制其他轴线

4. 绘制水平轴线

在功能区的"建筑"或"结构"选项卡中单击"基准"选项组中的"轴网"按钮，进入轴网绘图界面，如图 3-15 所示。

在功能区的"修改|放置轴网"选项卡的"绘制"选项组中单击"直线"按钮,在绘图区单击轴线的起点并向右拖动鼠标,再单击轴线的终点,完成轴线的绘制,单击自动生成的轴号⑨,修改轴号为 A,如图 3-19 所示。右击并在弹出的快捷菜单中选择"取消"命令,再一次右击并在弹出的快捷菜单中选择"取消"命令。

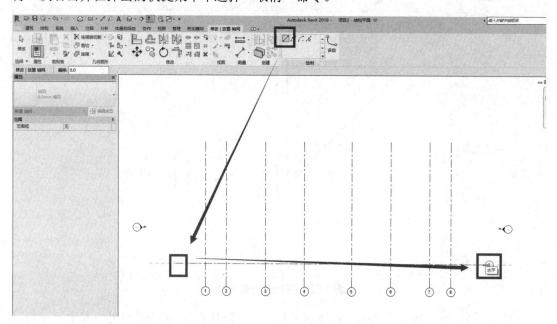

图 3-19　绘制第一条水平轴线

5. 复制水平轴线

单击 A 轴线,自动进入"修改"选项卡,单击"修改"选项组中的"复制"按钮,在选项栏中勾选"约束"和"多个"复选框,再次单击 A 轴线,向上拖动鼠标后,输入第一个间距 7200,按 Enter 键完成第一次轴线复制工作,继续输入 2100 和 6900。每输入一次间距,按一次 Enter 键。完成 A～D 轴的绘制,如图 3-20 所示。

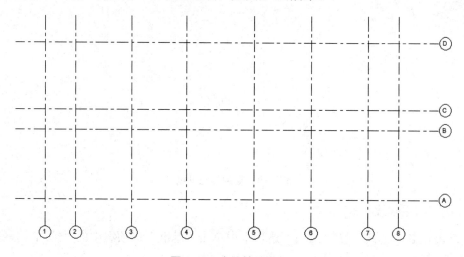

图 3-20　水平轴网复制

再次单击 A 轴线，自动进入"修改"选项卡，单击"修改"选项组中的"复制"按钮，再次单击 A 轴线，向上拖动鼠标后，输入第一个间距 2500，按 Enter 键完成复制工作，单击自动生成的轴号 E，进入轴号修改框，在框内输入 1/A，按回车键确认，如图 3-21 所示。

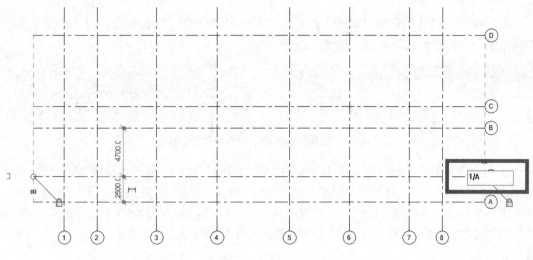

图 3-21　补绘 1/A 轴线

6. 修改轴网属性

在绘图区拉框全选轴网，单击"属性"面板中的"编辑类型"，在弹出的对话框中将"平面视图轴号端点 1(默认)"和"平面视图轴号端点 2(默认)"均选中，单击"确定"按钮，使轴网两端均显示轴号，如图 3-22 所示。

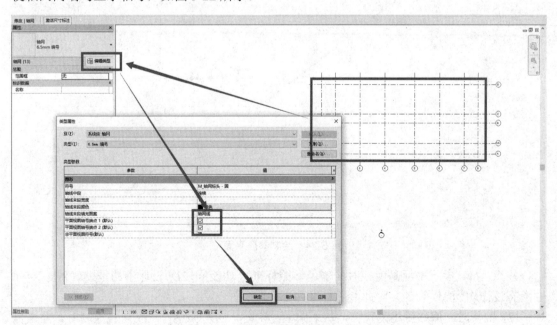

图 3-22　修改轴网类型属性

3.3.3 弧线轴网

1. 绘制参照平面

在功能区的"建筑"或"结构"选项卡中单击"工作平面"选项组中的"参照平面"按钮，进入参照平面绘制界面，如图 3-23 所示。

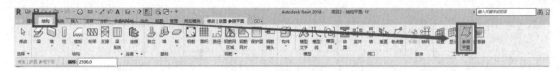

图 3-23 "结构"选项卡下"参照平面"按钮

在"参照平面"绘制界面，单击绘制功能区"直线"按钮，将偏移量修改为 2500，单击 A 轴与④轴的交点，向上移动鼠标，单击 1/A 轴与④轴交点，完成第一条参照平面的绘制。继续单击 1/A 轴与⑤轴交点，向下移动鼠标，单击 A 轴与⑤轴的交点，完成第二条参照平面的绘制，如图 3-24 所示。单击右键选择"取消"命令，再次单击右键选择"取消"命令。

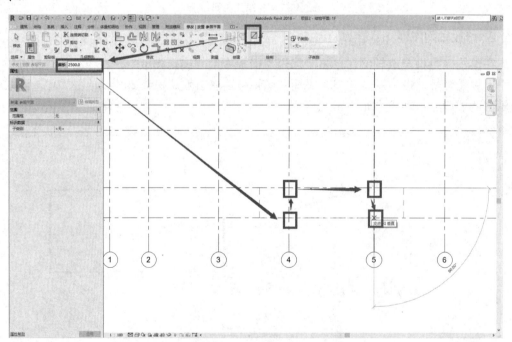

图 3-24 绘制参照平面

注意：(1) 参照平面是建模时的辅助参照标准，功能同 2D 设计中的辅助轴线。Revit中所有设计均为 3D 设计，因此参照标准为 2D 的平面。

(2) 偏移时，偏移量均为正值，从下向上绘制时，向左偏移；从左向右绘制时，向上偏移；从上向下绘制时，向右偏移；从右向左绘制时，向下偏移。

(3) 此处绘制参照平面是为在弧形轴线的定位时使用。

2. 圆心−端点弧绘制弧线轴网

在功能区的"建筑"或"结构"选项卡中单击"基准"选项组中的"轴网"按钮，进入轴网绘图界面，如图 3-14 所示。

在功能区的"修改|放置轴网"选项卡的"绘制"选项组中单击"圆心−端点弧"按钮，单击弧线圆心位置，即参照平面与 1/A 轴交点处，移动鼠标至 1/A 轴与④轴交点处，单击弧线起点，移动鼠标至参照平面与 A 轴交点处，单击弧线终点，完成弧线轴线的绘制，如图 3-25 所示。

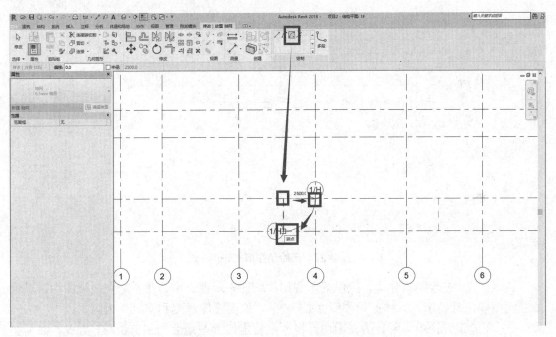

图 3-25　圆心−端点弧绘制弧线轴线

3. 取消轴号显示

单击弧形轴线，在轴线两端的轴号外侧出现方形复选框，单击两端的复选框可取消选中，并使轴号不显示，如图 3-26 所示。

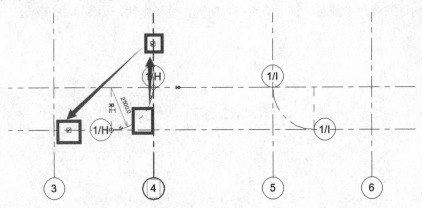

图 3-26　取消轴号显示

轴网绘制完成效果如图 3-27 所示。

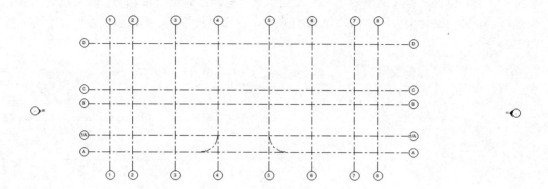

图 3-27　已绘制完成的轴网

注意：(1) 在绘制构件时，应保证所有构件均在东、西、南、北 4 个立面视图中，以保障立面图能正常显示。具体原因参照 2.4.5 节中"剖面视图深度和宽度"内容。

(2) 在建筑设计中，所有的视图均可视为某特定位置与角度的剖切投影。因此，都需要根据需求考虑适当的投影深度和宽度。

3.3.4　调整轴线

在绘图时，为不影响绘制，需将轴号向外移动。单击 A 轴线，在轴号 A 处会出现一个不随其他构件缩放的小圆圈，将小圆圈向右拖动，拉长轴线，如图 3-28 所示。

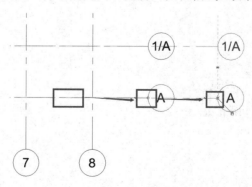

图 3-28　调整轴号位置

依次，调整另外 3 个方向轴线，如图 3-29 所示。

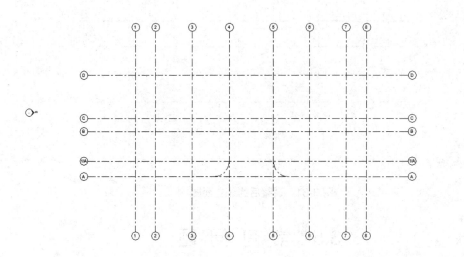

图 3-29 调整后的轴网

3.4 调整结构标高范围

在"项目浏览器"中双击"东"立面，进入立面图。选中其中一根楼层线，向左拖动结构标高范围，使其覆盖轴网范围，如图 3-30 所示。

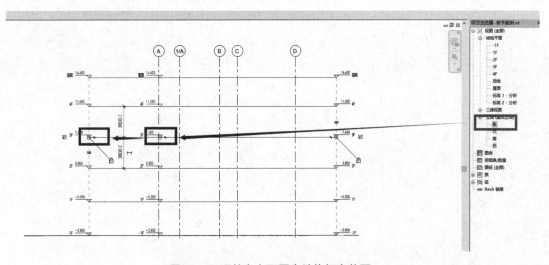

图 3-30 调整东立面图中结构标高范围

同样，在"项目浏览器"中双击"北"立面，进入立面图，调整结构标高范围，使其覆盖轴网，如图 3-31 所示。

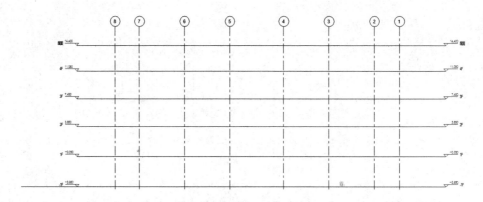

图 3-31　调整后的北立面图

3.5　常　见　问　题

3.5.1　轴网中间段不可见

问题：在 Revit 中，轴网绘制完成后只能看见轴网两端，而中间段缺失，如图 3-32 所示。

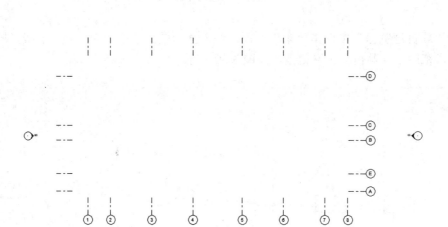

图 3-32　轴网中间段不可见

问题分析：出现该问题是因为默认的族类型为带间隙的轴网，修改族类型即可。

处理方法：选中轴网，单击"属性"面板中的类型选择器，如图 3-33 所示。在类型选择器的下拉菜单中，单击"6.5mm 编号"即可，如图 3-34 所示。

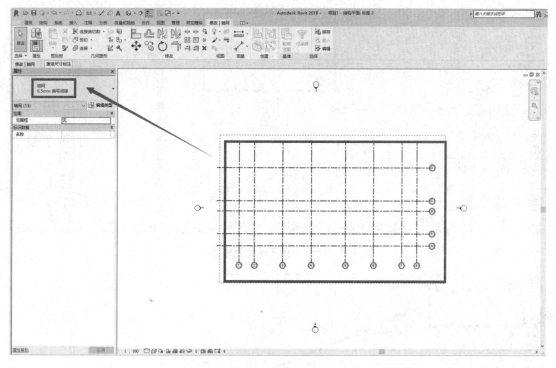

图 3-33　选择类型选择器

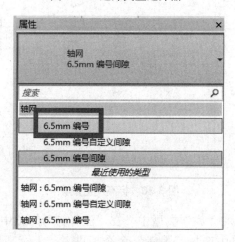

图 3-34　修改轴网类型

3.5.2　默认标高单位为毫米

问题：如图 3-35 所示，在新建的项目中，默认标高不是国内常用的米，而是毫米。

解决方法：单击标高，修改"属性"面板的类型选择器中的标高类型为"上标头"，如图 3-36 所示。

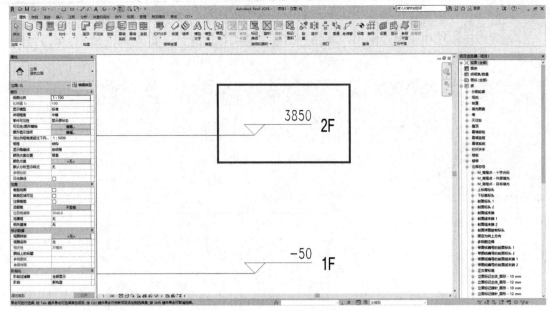

图 3-35　标高单位为毫米

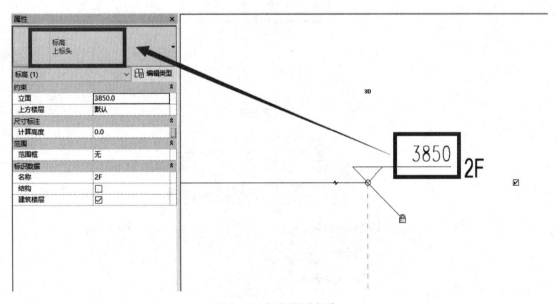

图 3-36　标高类型查看

在"项目浏览器"中的"族"类型中,在"注释符号"项中找到"上标高标头"族,右击并在弹出的快捷菜单中选择"编辑"命令,进入"上标高标头"族的修改界面,如图 3-37 所示。

进入"上标高标头"族中,单击"立面",在功能区的"修改|标签"选项卡的"标签"选项组中的"编辑标签"按钮被激活,单击"编辑标签"按钮,进入"编辑标签"界面,如图 3-38 所示。

在"编辑标签"界面中单击"参数名称"中的"立面","编辑参数的单位格式"按钮被激活,单击该按钮,进入"格式"界面,如图 3-39 所示。

图 3-37 编辑标高标头的属性

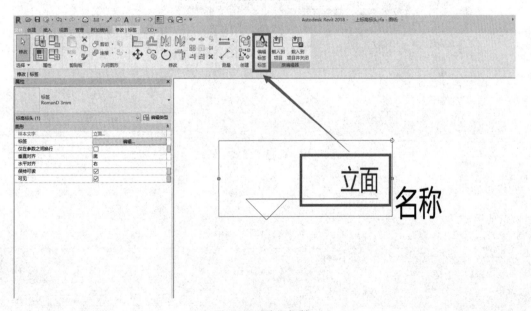

图 3-38 编辑标签

　　单击"单位"选项框的"毫米",进入"单位"的下拉列表框,选择"米",将单位切换成"米",单击"舍入"选项框的"0 个小数位",选择"3 个小数位",将保留位数改为 3 个小数位,单击"确定"按钮,关闭"格式"界面,完成格式调整,如图 3-40 所示。

　　单击"编辑标签"界面的"确定"按钮,关闭"编辑标签"界面。在功能区的"修改|标签"选项卡的"族编辑器"选项组中单击"载入到项目"按钮,如图 3-41 所示。

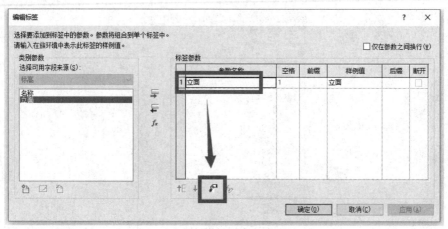

图 3-39　修改"标签参数"

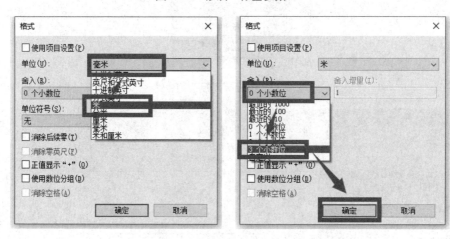

图 3-40　标签"格式"修改

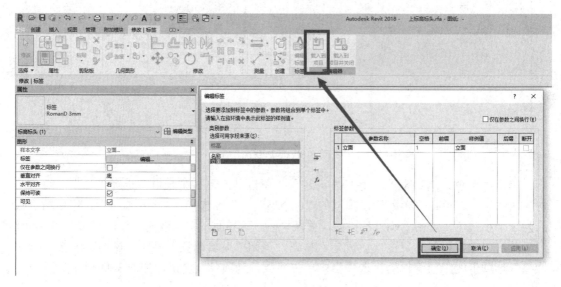

图 3-41　保存标签参数修改

在弹出的"族已存在"对话框中，选择"覆盖现有版本"，完成单位的调整，如图 3-42 所示。修改后的标高标头如图 3-43 所示。

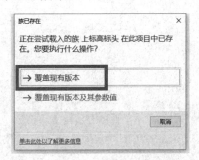

图 3-42 载入修改后的标高标头参数

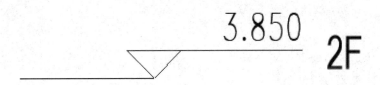

图 3-43 修改后的标高标头

第4章 基础工程

学习目标：

◆ 了解使用放样绘制条形基础；

◆ 了解竖井的使用；

◆ 熟悉筏板的定义与绘制；

◆ 熟悉垫层的定义与绘制；

◆ 掌握独立基础的定义与绘制；

本章导读：

基础是将结构所承受的各种作用力传递到地基上的结构组成部分，按构造形式可以分为独立基础、条形基础、满堂基础和桩基础等。Revit 2018 中提供 3 种基础形式，分别是独立基础、条形基础(墙基础)和基础底板，用于生成不同类型建筑的基础形式。独立基础是将自定义的基础族放置在项目中，作为基础参与结构计算；条形基础的用法为沿墙底部生成带状基础模型；基础底板可以用于创建建筑筏板基础和基础垫层，用法和楼板一致。建模时如遇特殊基础时，可通过内建模型、外部载入族等方式创建。

4.1 独立基础

4.1.1 独立基础

独立基础及垫层(微课)

1. 定义 JC-1

① 在功能区中单击"结构"选项卡，进入结构选项。

② 单击"基础"的"独立"按钮，进入独立基础绘制界面。

③ 单击"属性"中的"编辑类型"，进入"类型属性"界面。

④ 在弹出的对话框中单击"复制"按钮，弹出"名称"对话框，修改"名称"为 JC-1，单击"确定"按钮，完成类型复制。

⑤ 返回"类型属性"对话框，修改"宽度"为 2000，"长度"为 2000，"基础厚度"为 500，单击"确定"按钮，完成 JC-1 的定义，如图 4-1 所示。

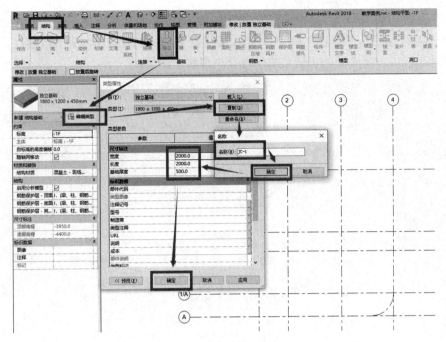

图 4-1　JC-1 的定义

2. 绘制 JC-1

将鼠标移动至①轴线与 A 轴线的交点处并单击，完成第一个 JC-1 的绘制，如图 4-2 所示。绘制完成后，右击并在弹出的快捷菜单中，选择"取消"命令退出绘制 JC-1。再次右击并在弹出的快捷菜单中选择"取消"命令，退出结构基础界面。

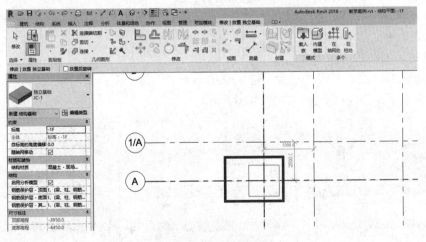

图 4-2　JC-1 的绘制

注意：当捕捉到轴线时，轴线会高亮显示，当捕捉到①轴与 A 轴交点时，①轴与 A 轴均高亮显示。

3. 基础的复制

单击已经绘制好的 JC-1，在功能区的"修改|结构基础"选项卡的"修改"选项组中单

击"复制"按钮,选中选项栏中"多个"复选框,单击 JC-1 的轴线交点,再依次单击"①-D"交点、"⑧-D"交点、"⑧-A"交点,完成 JC-1 的复制,如图 4-3 所示。绘制完成后,按 Esc 键取消或右击并在弹出的快捷菜单中选择"取消"命令。

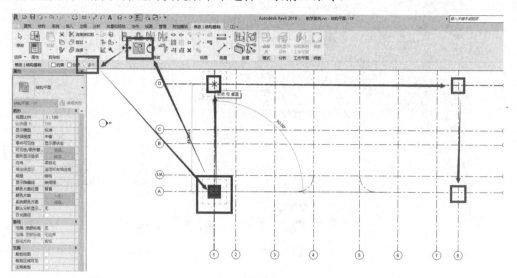

图 4-3　基础的复制

4. 完成独立基础 JC-2~JC-6 的定义及绘制

依照"定义 JC-1"步骤,完成 JC-2~JC-6 定义,如图 4-4~图 4-9 所示。

依照"绘制 JC-1"步骤,完成独立基础 JC-2~JC-6 的绘制。

JC-2、JC-3 的绘制方法同 JC-1,这里不再赘述。

由于 JC-4~JC-6 基础中心线和轴线不重合,直接绘制难度大,这里先创建一个参照平面协助定位。

1) 绘制参照平面

在功能区的"建筑"或"结构"选项卡中单击"工作平面"选项组中的"参照平面"按钮,进入参照平面绘制界面,如图 4-10 所示。

图 4-4　JC-2 的参数

图 4-5　JC-3 的参数

图 4-6　JC-4 的参数

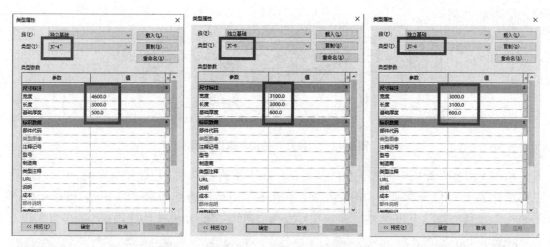

图 4-7　JC-4 的参数　　　　图 4-8　JC-5 的参数　　　　图 4-9　JC-6 的参数

图 4-10　单击"结构"选项卡下"参照平面"按钮

2) 拾取线绘制参照平面

在功能区的"修改|放置参考平面"选项卡的"绘制"选项组中单击"拾取线"按钮，修改偏移量为 1050，移动鼠标指针至 B 轴线上，上下调整鼠标指针位置，让虚线出现在 B 轴与 C 轴的中心位置单击，如图 4-11 所示。

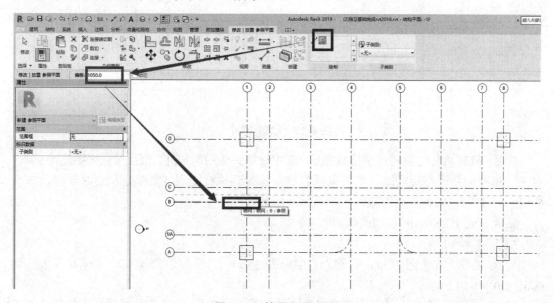

图 4-11　放置参照平面

3) 绘制 JC-4

在功能区的"结构"选项卡的"基础"选项组中单击"独立"按钮，进入基础绘制界

面, 如图 4-12 所示。

图 4-12 "独立"基础的选择界面

单击"属性"面板中的"类型选择器", 在下拉列表中单击已经定义好的 JC-4, 移动鼠标指针至 1 轴线与参照平面的交点处, 如果独立基础的方向与定义的不同, 则按空格键调整构件方向, 如图 4-13 所示。在调整好方向后单击, 完成 JC-4 的绘制。

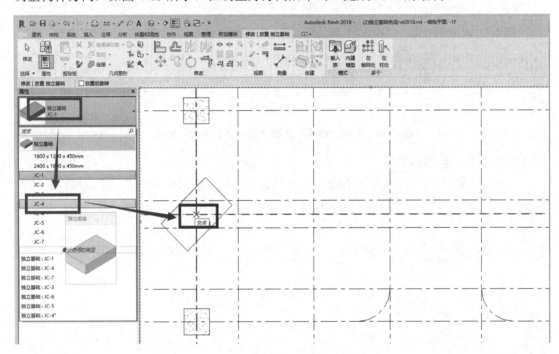

图 4-13 绘制 JC-4

注意: 旋转构件可以通过空格键完成。选中绘制完成后的构件, 每次按空格键旋转 90°; 对未绘制的构件进行旋转时, 如果鼠标指针在捕捉到轴线交点或其他定位点时, 每次按空格键旋转 45°, 未捕捉定位点时每次按空格键旋转 90°。

依此完成 JC-5 和 JC-6 的绘制。

4) JC-7 绘制

定义 JC-7, 方法同 JC-1, 设置"宽度"为 3800, "长度"为 4600, "基础厚度"为 600, 如图 4-14 所示。

单击"属性"面板上的"类型选择器", 切换至 JC-7, 将"自标高的高度偏移"修改为-1750, 移动鼠标指针至 JC-7 的位置, 出现定位尺寸后单击, 如图 4-15 所示。

单击 JC-7 的轮廓选中 JC-7, 在显示的尺寸长度后, 单击 JC-7 至 D 轴的距离, 输入

5100，按 Enter 键确定，如图 4-16 所示。

图 4-14　JC-7 的定义

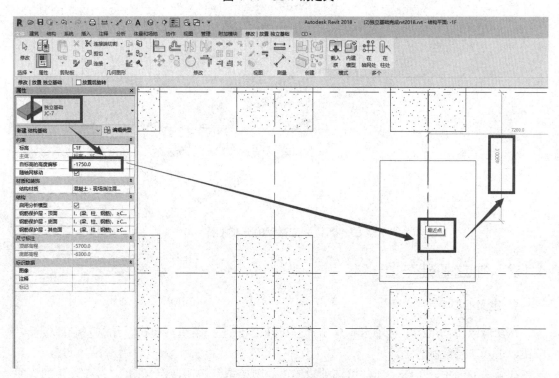

图 4-15　JC-7 的绘制

　　注意：JC-7 为电梯井基础，其顶标高为-5.7m，即比-1F 的底标高-3.95m 低 1750mm，故向下偏移，值为负。

　　完成后的独立基础的三维视图如图 4-17 所示。

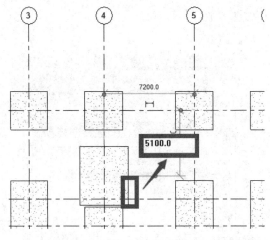

图 4-16　修改 JC-7 的位置

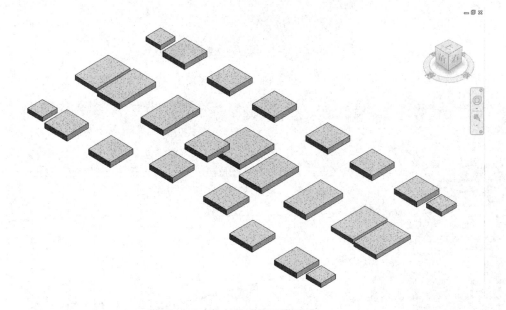

图 4-17　独立基础的三维视图

4.1.2　独立基础垫层

1. 定义 DC-1

在功能区的"结构"选项卡中单击"基础-板"的下拉菜单，单击"结构基础：楼板"按钮，进入垫层绘制界面。

在新的界面中，单击"属性"选项板的"编辑类型"按钮，定义 DC-1，在弹出的界面中单击"复制"按钮，将名称修改为 DC-1(-500mm)，单击"确定"按钮，完成复制操作。

单击类型属性编辑器中类型参数的"编辑"按钮，进入垫层厚度编辑界面，在新弹出的界面中，修改结构厚度为"100"，单击"确定"按钮，完成厚度定义。

再次单击"确定"按钮，完成"DC-1(-500mm)"的定义，如图 4-18 所示。

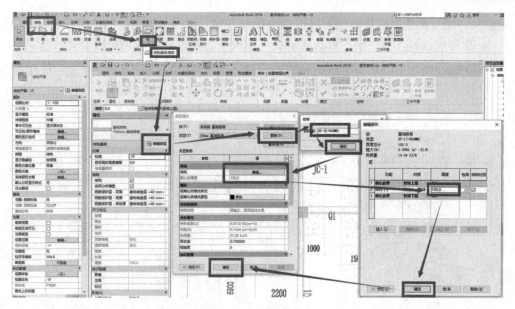

图 4-18 垫层的定义

2. 绘制 DC-1

在完成 DC-1 的定义后，将直接进入绘图界面。

单击绿色"拾取线"按钮，修改选项栏中"偏移"为 100，修改属性栏"自标高的高度偏移"为-500。依次拾取 JC-1 的 4 条边线，在功能区"修改|创建楼层边界"选项卡的"模式"选项组中单击"完成编辑模式"按钮，完成第一个 DC-1 绘制，如图 4-19 所示。

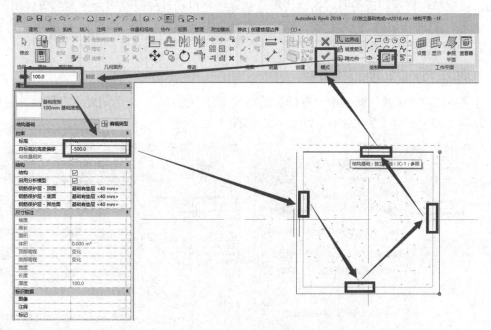

图 4-19 垫层的绘制

注意：(1) 在拾取线时，如果有偏移量，鼠标捕捉到目标拾取线后，会在其中一侧产生

一条虚线，通过微调鼠标指针位置可以调整偏移方向，以确保拾取后的位置在目标位置。

(2) 在拾取线时，第一条拾取线两侧会产生两条短线段，表示为起始位置。

(3) 在拾取线时，应按顺时针或逆时针方向依次拾取，拾取的线段将会自动延伸为角。如果跳跃式拾取，拾取的线段会不连续，如图 4-20 中圈中所示，修改方法如下。

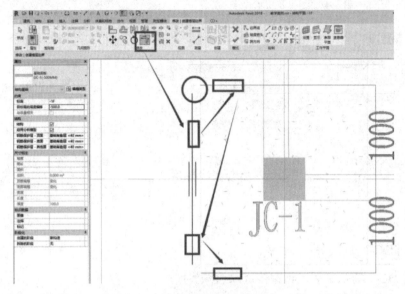

图 4-20　修剪/延伸为角

在功能区的"修改|创建楼层边界"选项卡的"修改"选项组中单击"修剪/延伸为角"按钮，依次单击需要相连的两根拾取线段，拾取线将自动延伸或修剪为角，形成封闭区间。

依此，通过拾取线将厚度为 500mm 的独立基础 JC-1 与 JC-4 所有构件下均使用 DC-1(-500MM)绘制垫层。

3. DC-2 与 DC-3 的定义与绘制

设置 DC-2"属性"面板中"自标高的高度偏移"为-600，设置 DC-3"属性"面板中"自标高的高度偏移"为-2350，如图 4-21 和图 4-22 所示。

图 4-21　DC-2 的定义　　　　　　　　　图 4-22　DC-3 的定义

通过拾取线功能，将 DC-2 绘制在 JC-2、JC-3、JC-4、JC-5、JC-6 基础的下方，依此，将 DC-3 绘制在 JC-7 下方，如图 4-23 所示。

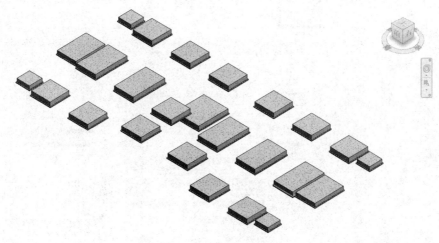

图 4-23　垫层的三维视图

4.2　止水板(筏板)

4.2.1　止水板

止水板(筏板)(微课)

1. 止水板的定义

① 在功能区中单击"结构"选项卡，进入结构选项。

② 单击"基础"的"楼板"，进入基础修改界面。

③ 单击"属性"选项板中的"编辑类型"按钮，进入"类型属性"界面。

④ 在弹出的对话框中，单击"复制"按钮，重命名基础为"止水板"，单击"确定"按钮，完成止水板的命名。

⑤ 单击类型属性的"编辑"按钮，修改结构厚度为 350，单击"确定"按钮完成止水板厚度设置，单击"确定"按钮完成止水板的定义，如图 4-24 所示。

2. 止水板的绘制

止水板定义完成后，进入绘图界面，在功能区的"修改|创建楼层边界"选项卡的"绘制"选项组中单击"拾取线"按钮，将偏移量修改为 2200，将鼠标指针放在①轴线上，偏移调整在①轴线左侧，单击①轴线；移动到⑧轴线，将偏移调整到⑧轴线右侧，单击⑧轴线，如图 4-25 所示。

将偏移量修改为 2700，将鼠标指针移动到 A 轴线上，向下偏移，拾取 A 轴线。将鼠标指针移动至 D 轴线，向上偏移，拾取 D 轴线，如图 4-26 所示。

在功能区的"修改|创建楼层边界"选项卡的"修改"选项组中单击"修剪/延伸为角"按钮，依次单击每个角要保留的部分，即可完成每个角的修剪，完成后单击"完成编辑模式"按钮，如图 4-27 所示。

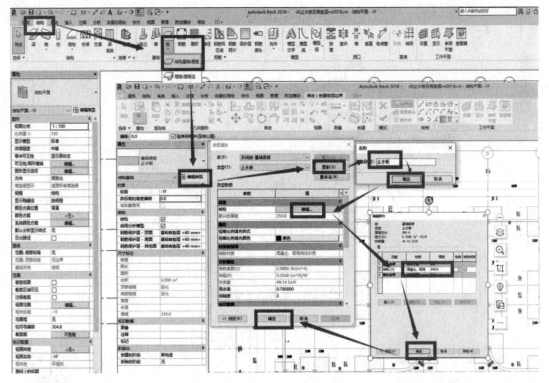

图 4-24　止水板的定义

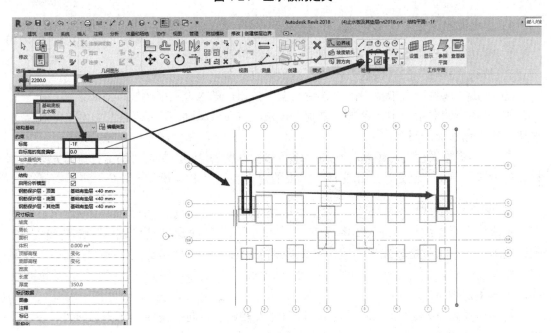

图 4-25　拾取止水板边 1

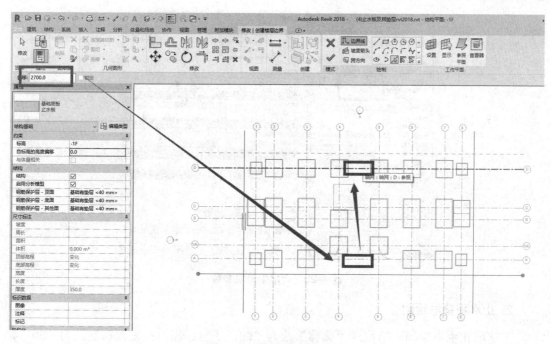

图 4-26　拾取止水板边 2

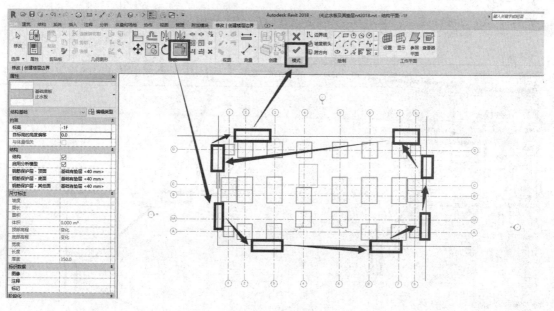

图 4-27　角的修剪

4.2.2　止水板垫层

1. 止水板垫层定义

定义方法同止水板，详见 4.2.1 节"止水板定义"内容，参数如图 4-28 所示。

图 4-28　止水板垫层参数

2. 止水板垫层绘制

方法同止水板绘制，拾取线"偏移"改为 300，"自标高的高度偏移"改为-350，如图 4-29 所示。

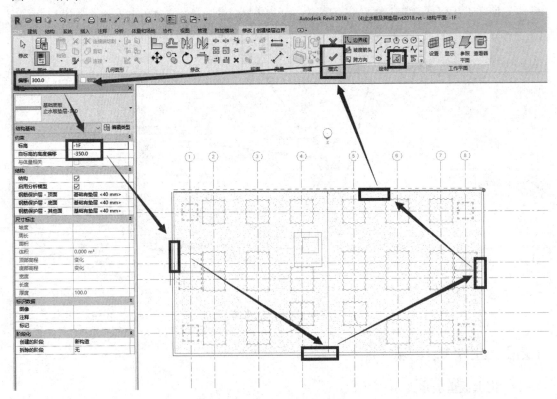

图 4-29　止水板垫层的绘制

4.3　竖井洞口

1. 竖井洞口绘制

在功能区的"建筑"或"结构"选项卡的"洞口"选项组中单击"竖井"按钮，进入竖井绘图界面，如图 4-30 所示。单击绘图功能区"矩形"绘图法，再单击电梯井两个对角点，绘制矩形竖井洞口。单击模块功能区"完成编辑模式"按钮，完成竖井绘制。

图 4-30　竖井洞口

单击"拾取线"按钮，依次拾取竖井边线，沿④轴线向右偏移 100，再向右偏移 2200，沿 C 轴线向上偏移 1350，再向上偏移 2100，如图 4-31 所示。

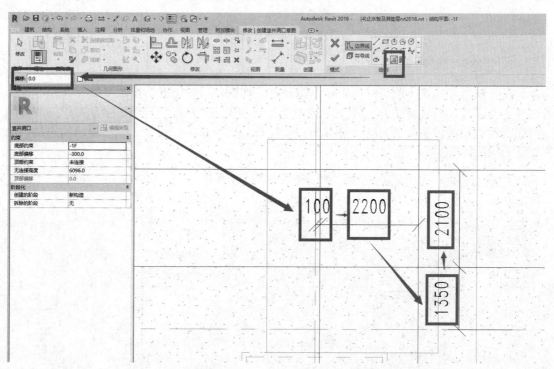

图 4-31　拾取竖井边线

在功能区的"修改|创建竖井洞口草图"选项卡的"修改"选项组中单击"修剪/延伸为角"按钮，依次单击每个角要保留的部分，即可完成每个角的修剪，完成后在功能区的同一选项卡的"模式"选项组中单击"完成编辑模式"按钮，如图 4-32 所示。

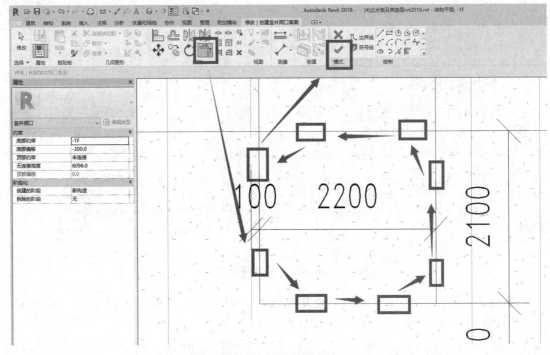

图 4-32　修剪竖井边线

2. 竖井洞口范围调整

在"项目浏览器"的立面图中,双击任意立面图,将绘图区切换至对应立面图,拉框选择所有构件,在功能区的"修改|选择多个"选项卡的"选择"选项组中单击"过滤器"按钮。在弹出的界面中只勾选"竖井洞口",单击"确定"按钮完成竖井洞口的选择,如图 4-33 所示。

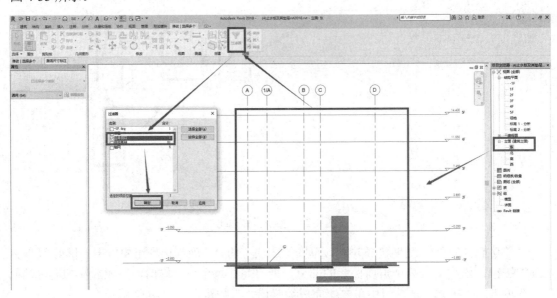

图 4-33　通过过滤器选择竖井

选中竖井洞口后，竖井洞口上下各有一个三角形箭头，鼠标向上拖动上方箭头，使其超过 14.4m 标高，向下拖动下方箭头，使其低于止水板垫层，如图 4-34 所示。

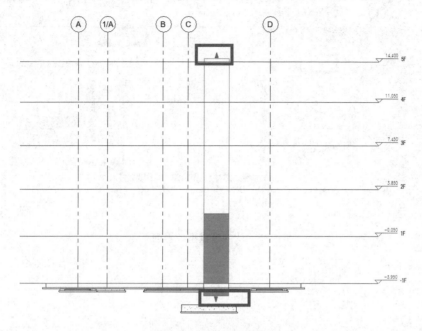

图 4-34　调整竖井范围

注意：当板上有洞口时，对于单层板上的洞口，如屋面上人洞，使用"按面洞口"绘制；当板上有洞口时，且为多层板或跨越多个楼层时，如电梯井，使用"竖井洞口"绘制。

4.4　条形基础

条形基础(微课)

条形基础是结构基础类别，并以墙体为主，可在平面视图或 3D 视图中绘制。在案例项目中，条形基础位于转角窗下方，本节内容建议在墙体后绘制。在 Revit 2018 中，条形基础的系统族默认只有矩形断面条形基础，对于有大放脚的基础，需要通过内建模型来实现。关于内建模型的放样处理，可参照 11.1.3 节的"内建族"内容和 11.2.4 节的"放样"内容。

1. 内建模型定义条形基础

双击"项目浏览器"的 1F，进入一层平面视图，在功能区的"结构"选项卡的"模型"选项组中单击"构件"按钮，在弹出的下拉菜单中选择"内建模型"命令，进入"内建模型"界面，如图 4-35 所示。

在弹出的对话框中选择"结构基础"，单击"确定"按钮，如图 4-36 所示。在弹出的界面中，将"名称"设置为"条形基础"，单击"确定"按钮完成构件命名，如图 4-37 所示。

注意：关于内建模型中族类别的选择，要尽可能找到对应结构类别，以避免在模型传递时发生构件丢失的情况。

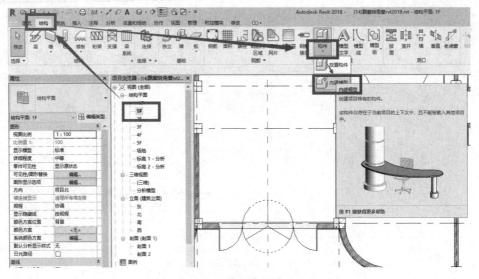

图 4-35　"内建模型"界面

图 4-36　"族类别"的选择

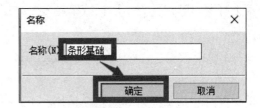

图 4-37　条形基础的命名

2. 放样

族放样有两个操作步骤，即创建"放样路径"和"绘制轮廓"，相关内容见 11.2.4 节。

1) 放样路径

进入"族"创建界面后，在功能区单击"创建"选项卡，再单击"形状"选项组中的"放样"按钮，进入放样界面，单击"绘制路径"，如图 4-38 所示。

进入绘制界面后，在功能区的"修改|放样>绘制路径"选项卡的"绘制"选项组中单击"线"按钮，沿参照平面一次绘制放样的路径，并单击"完成编辑模式"按钮，如图 4-39 所示。

2) 条形基础轮廓

在完成放样后回到放样界面，在功能区的"修改|放样"选项卡的"放样"选项组中单击"轮廓"区域的"编辑轮廓"按钮，在弹出的"转到视图"界面中选择"立面：东"选项，单击"打开视图"按钮转换到东立面，如图 4-40 所示。

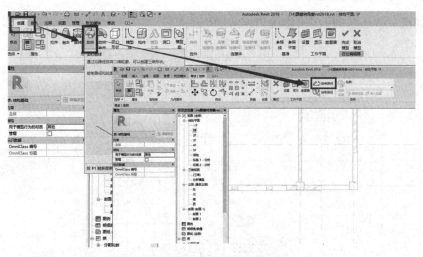

图 4-38　创建条形基础放样路径

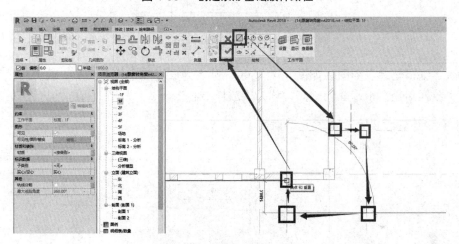

图 4-39　绘制放样路径

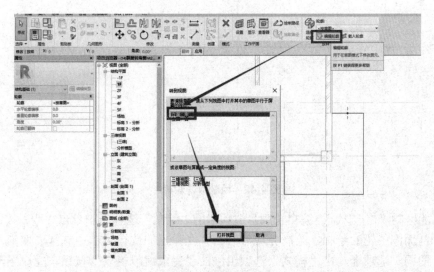

图 4-40　创建放样轮廓

依据图纸，条形基础的剖面图如图 4-41 所示。

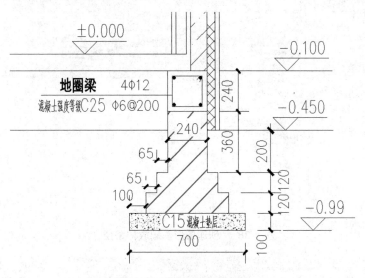

图 4-41　条形基础剖面图

进入"编辑轮廓"界面后如图 4-42 所示，圆点为放样的定位点，即"放样路径"的第一段与"放样路径"水平面的交点，称为"放样中心"。

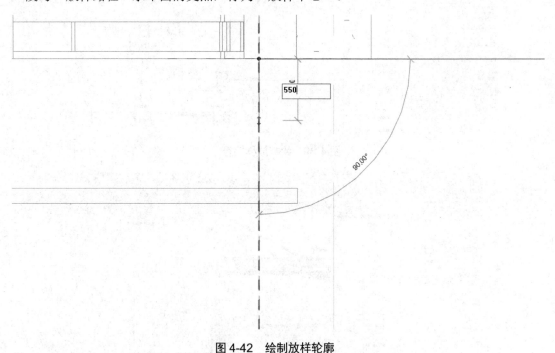

图 4-42　绘制放样轮廓

在功能区的"修改|放样>编辑轮廓"选项卡的"绘制"选项组中单击"线"按钮，依照条形基础剖面图的轮廓绘制，绘制完成后右击并在弹出的快捷菜单中选择"取消"命令。在功能区的同一选项卡单击"模式"选项组中的"完成编辑模式"按钮，完成条形基础轮廓绘制，如图 4-43 所示。

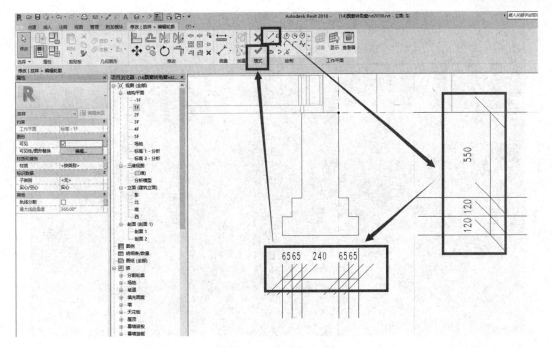

图 4-43　条形基础轮廓

　　单击"完成模型"按钮完成条形基础的放样，单击"完成编辑模式"按钮完成内建模型的创建，如图 4-44 所示。

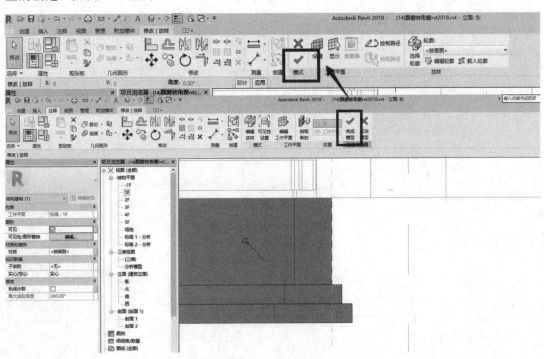

图 4-44　完成放样

　　完成条形基础绘制，效果如图 4-45 所示。

图 4-45　条形基础模型

3. 条形基础垫层

方法同独立基础垫层。

4.5　常见问题

问题：绘制完基础后，在南立面图图元可见，如图 4-46 所示，而北立面图图元不可见，如图 4-47 所示。

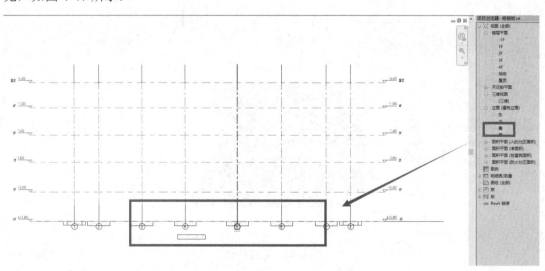

图 4-46　基础图元在南立面可见

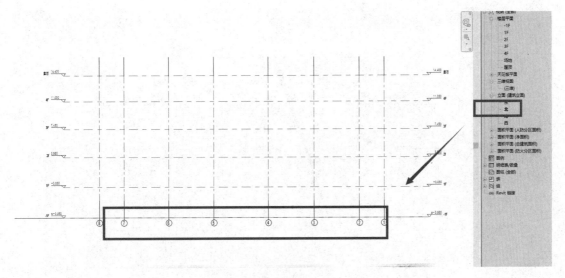

图 4-47　基础图元在北立面不可见

原因分析：立面视图范围有问题。

处理方法：回到平面图，将鼠标指针移动到北立面的视图符号上，单击"立面符号"，隐藏的裁剪平面就会显示出来，如图 4-48 所示。

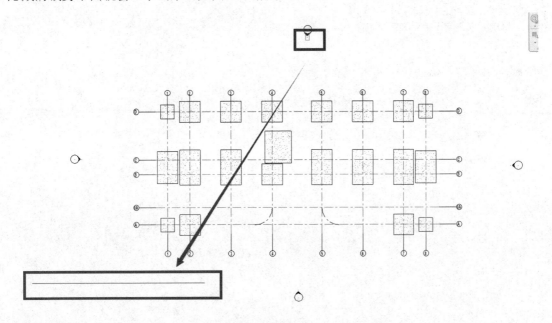

图 4-48　裁剪平面

选中裁剪平面，拖动至北立面符号附近即可，如图 4-49 所示。

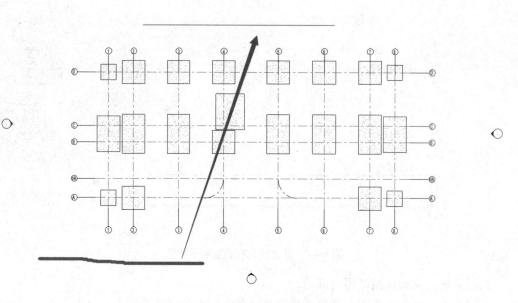

图 4-49　调整裁剪平面位置

第 5 章　框架柱与剪力墙

学习目标：

- ◆ 了解 BIM 建模的单元优先级；
- ◆ 了解载入族；
- ◆ 熟悉暗柱的定义与绘制；
- ◆ 熟悉竖向构件的标高设置；
- ◆ 掌握结构柱和结构墙的定义与绘制；
- ◆ 掌握竖向构件跨楼层复制。

本章导读：

框架柱与剪力墙是在框架结构中承受梁和板传来的荷载，并将荷载传给基础，是主要的竖向支撑结构。

5.1　柱

柱(微课)

5.1.1　矩形柱

1. 柱定义

在功能区的"结构"选项卡的"结构"选项组中单击"柱"按钮，进入结构柱编辑界面，如图 5-1 所示。

图 5-1　结构—柱

单击"属性"选项板的"类型选择器"，在下拉列表中选择"混凝土－矩形－柱"族下的任意一规格的矩形柱，如图 5-2 所示。

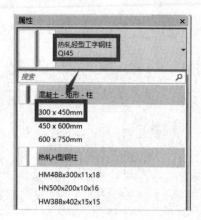

图 5-2 切换至"混凝土 - 矩形 - 柱"

　　单击"属性"选项板中的"编辑类型"按钮,在弹出"类型属性"界面中单击"复制"按钮,"名称"填写为 KZ1 500*500,单击"确定"按钮完成结构柱的复制。修改"尺寸标注"b 为 500、h 为 500,单击"确定"按钮,完成 KZ1 的定义,如图 5-3 所示。

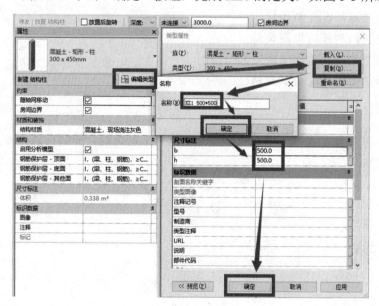

图 5-3 定义 KZ1

　　依此,完成 KZ2~KZ6 的定义,参数如图 5-4 至图 5-8 所示。

2. 柱绘制

　　定义 KZ1~KZ6 后,进入绘图界面,如图 5-9 所示,将选项栏中的"深度"修改为"高度","未连接"修改为 1F。

　　移动鼠标指针至①轴与 A 轴交点处,捕捉①轴与 A 轴,单击,完成 KZ1 绘制,如图 5-9 所示。

　　依此,完成其他所有柱的绘制。

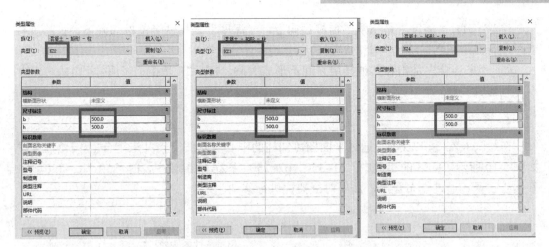

图 5-4　KZ2 的参数　　　　图 5-5　KZ3 的参数　　　　图 5-6　KZ 的 4 参数

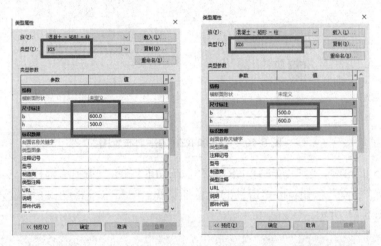

图 5-7　KZ5 的参数　　　　图 5-8　KZ6 的参数

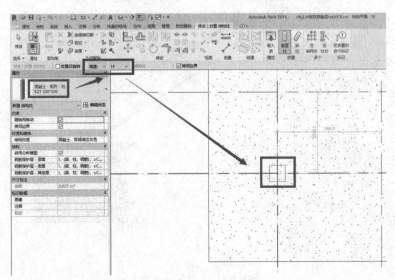

图 5-9　框架柱的布置

注意：(1) "高度"是指从当前标高向上，"深度"是指从当前标高向下，在绘制柱、墙时，习惯是从当前标高向上的设置。

(2) "未连接"是指和其他楼层之间不形成关联，1F、2F 是指上表面伸到 1F、2F 的标高，且形成关联。

3. 移动构件

在绘制 KZ5 和 KZ6 时，通过平面图可知柱的中心与轴线交点并未重合，属于偏心布置，如图 5-10 所示。KZ5 的参数中，b1=350、b2=250，KZ6 的参数中，h1=250、h2=350，均属于偏心布置。通过点布置后，需要对框架柱进行移动。

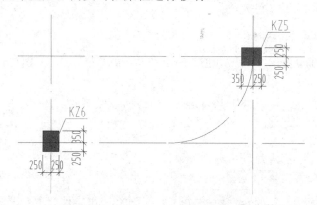

图 5-10　KZ5 和 KZ6 的平面布置图

单击 KZ5 的轮廓，选中④轴线上的 KZ5，在功能区的"修改|结构柱"选项卡的"修改"选项组中单击"移动"按钮，再单击柱的任意捕捉点，向左水平移动鼠标，输入 50，按 Enter 键确认，如图 5-11 所示。

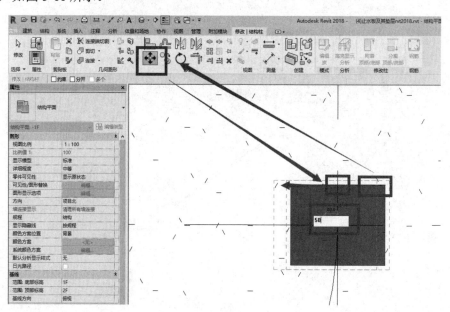

图 5-11　水平移动 KZ5

4．柱标高调整

由图纸可知，④轴与 C 轴交点处结构柱 KZ4 起点为 JC-7，其标高需进行调整，如图 5-12 所示。

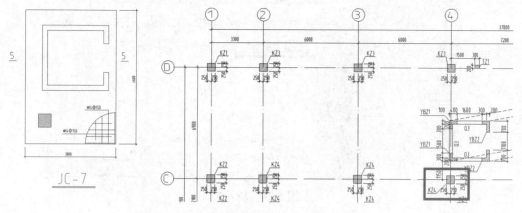

图 5-12　JC-7 的布置图

单击④轴与 C 轴交点处结构柱 KZ4，在"属性"选项板中将"底部偏移"参数修改为 -1750，按 Enter 键确认，如图 5-13 所示。

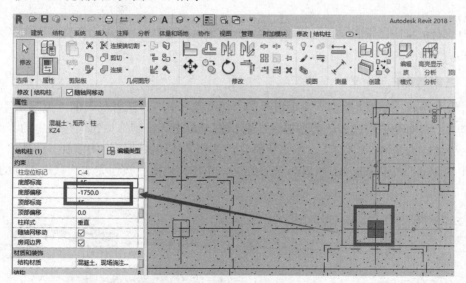

图 5-13　调整 KZ4 底标高

5.1.2　暗柱、边缘柱

1．载入"L 形柱"族

在功能区的"结构"选项卡的"结构"选项组中单击"柱"按钮，进入结构柱绘制界面，在功能区的"修改|放置结构柱"选项卡的"模式"选项组中单击"载入族"按钮，在弹出的"载入族"对话框中找到"混凝土柱-L 形.rfa"文件，单击"打开"按钮完成族的载

入，如图 5-14 所示。

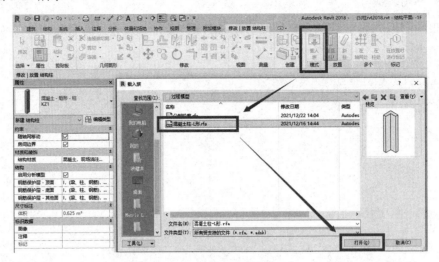

图 5-14　载入族

注意：(1) 有的软件默认族库中缺少"混凝土-L 形"族，需要从外面载入，本案例提供了 L 形柱。关于 L 形柱的创建将在族的创建章节中讲解。

(2) 在项目创建时，不同计算机中默认的族库会有所区别，载入新的族是非常常用的功能。

(3) Revit 软件自带族，存储在"Libraries>China>结构>柱>混凝土"文件夹中，外部载入的族，根据保存位置查询。

2. 约束边缘柱的定义

在载入族后，单击"属性"选项板中的"类型选择器"，选择导入的"混凝土柱-L 形"柱，单击"编辑类型"进入"类型属性"对话框，单击"复制"按钮，在弹出的界面中输入约束边缘柱的名称"YBZ1"，单击"确定"按钮完成约束边缘柱的复制，修改"尺寸标注"h1 为 200、h 为 500、b1 为 200、b 为 500，单击"确定"按钮完成约束边缘柱的定义，如图 5-15 所示。

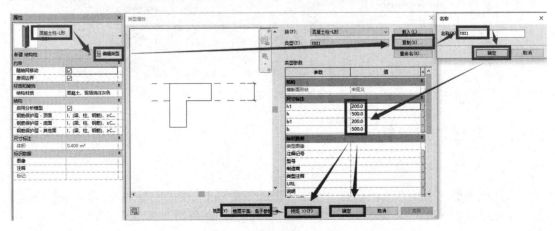

图 5-15　约束边缘柱的定义

注意：(1) 约束边缘柱的尺寸参数比较多，可以通过单击"预览"按钮，打开预览界面，单击视图，切换至"楼层平面"视图，这时修改参数便会在预览界面给出提示。

(2) b 与 b1、h 与 h1 的关系同普通框架柱，详情可参见钢筋平法图集。

依此，完成约束边缘柱 YBZ2 的定义，参数如图 5-16 所示。

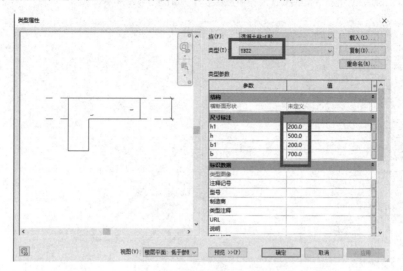

图 5-16　约束边缘柱 YBZ2 的参数

3. 约束边缘柱的绘制

在功能区的"结构"选项卡的"结构"选项组中单击"柱"按钮进入柱绘制界面，通过"类型选择器"选择 YBZ1 构件，选项栏中参数修改为"高度"和"1F"，将鼠标指针移动至目标位置附近，单击完成第一根柱绘制，如图 5-17 所示。右击并在弹出的快捷菜单中选择"取消"命令，退出柱的绘制。依此，绘制另一个 YBZ1。

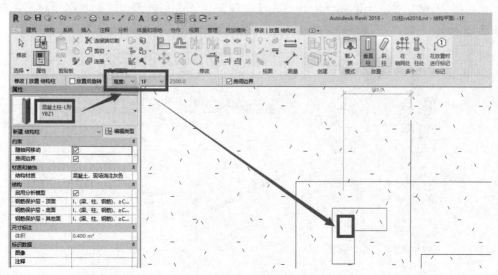

图 5-17　布置 YBZ1

注意：当无法捕捉到目标位置时，可以就近布置，通过"对齐"功能定位。

4. 对齐 YBZ1

在功能区中单击"修改"选项卡进入修改界面，单击"修改"选项组中的"对齐"按钮，再单击目标位置定位线，选择需要移动的定位线，在此处需要通过单击竖井边线。单击 YBZ1 的内侧边线实现对 YBZ1 的对齐操作，如图 5-18 所示。

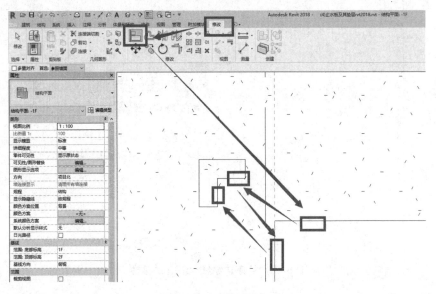

图 5-18　对齐 YBZ1

依此，完成另一处 YBZ1 的对齐。YBZ1 方向不对时可以通过按空格键调整，方法详见 JC-4 的绘制。

5. 镜像 YBZ2

在布置 YBZ2 时，无论如何旋转均无法完成该柱子的布置工作，此时需要对其镜像，如图 5-19 所示。

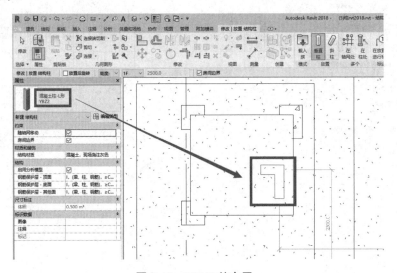

图 5-19　YBZ2 的布置

单击 YBZ2 的轮廓线，选中该约束边缘柱，在功能区的"修改|结构柱"选项卡中"修改"选项组中单击"镜像"按钮，再选中任意一条水平线作为镜像轴，完成镜像工作，如图 5-20 所示。然后通过对齐功能对镜像后的构件进行定位，这里不再赘述。

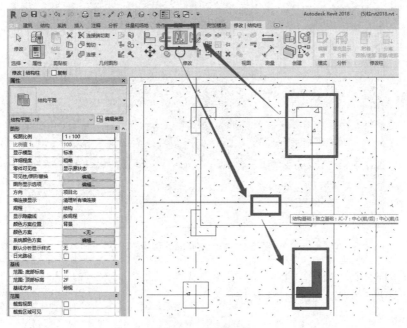

图 5-20　镜像操作

6. 修改约束边缘柱的起点

从左上向右下角拉框选择所有约束边缘柱，在功能区的"修改|选择多个"选项卡的"选择"选项组中单击"过滤器"按钮，在弹出的"过滤器"对话框中将选择的类别只保留结构柱(共 4 个)，单击"确定"按钮完成选择，如图 5-21 所示。

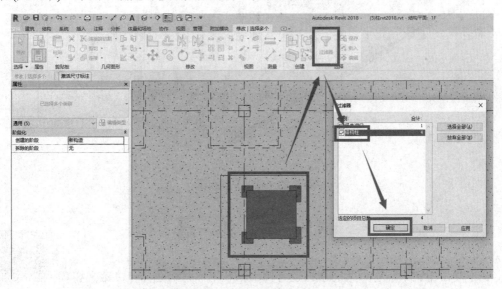

图 5-21　通过过滤器选择结构柱

将"底部偏移"修改为-1750,如图5-22所示,即起点向下1750mm延伸至JC-7的顶部。

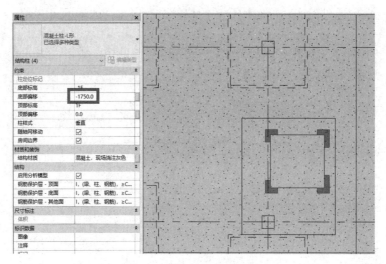

图 5-22　修改底部偏移量

在快速访问工具栏或在功能区的"视图"选项卡的"创建"选项组中单击"三维视图"按钮,查看完成后的柱,如图5-23所示。

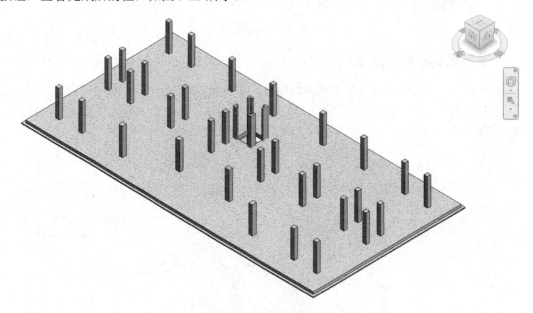

图 5-23　柱的三维视图

5.2　剪　力　墙

在本项目案例中,剪力墙的形式包含挡土墙和电梯井墙两部分,定义和布置方式相同。

剪力墙(微课)

5.2.1　直形墙

1. 挡土墙定义

在功能区中单击"结构"选项卡，单击"墙"按钮，在弹出的下拉菜单中选择"墙:结构"命令，进入结构墙界面，单击"属性"面板中的"编辑类型"，在弹出的"类型属性"界面内单击"复制"按钮，重命名结构墙为 Q1，单击"确定"按钮完成复制。

单击"类型"属性中"编辑"按钮，进入"编辑部件"界面，修改结构"厚度"为 300，单击"确定"按钮，完成厚度修改。

单击"确定"按钮，完成挡土墙 Q1 的定义，如图 5-24 所示。

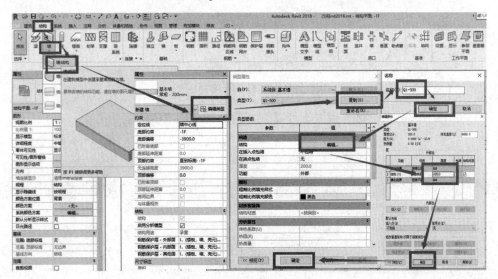

图 5-24　挡土墙的定义

依此，完成挡土墙 Q2 和电梯井墙体 Q3 的定义，参数分别如图 5-25 和图 5-26 所示。

图 5-25　Q2 的参数

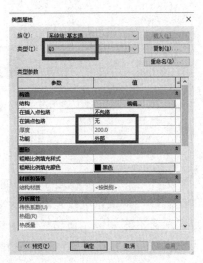

图 5-26　Q3 的参数

2. 挡土墙绘制

在功能区中单击"结构"选项卡，单击"墙"按钮，在弹出的下拉菜单中选择"墙:结构"命令，进入结构墙界面，单击"属性"面板"编辑类型"，如图 5-27 所示。

图 5-27　结构墙绘制

在"属性"选项板中将"类型选择器"切换至基本墙"Q1"，将默认"深度"修改为"高度"，将默认"未连接"修改为 1F，通过单击"绘制线"(软件默认绘制线)，分别单击墙体的起点和终点，完成第一段墙体绘制，如图 5-28 所示。

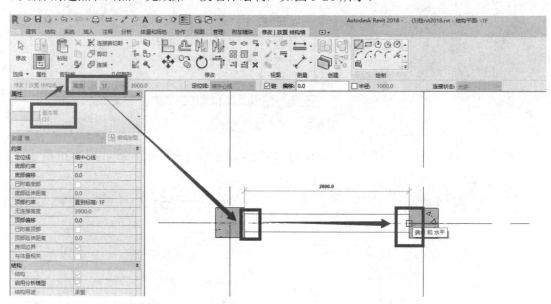

图 5-28　绘制墙体

在绘制墙体时，也可以拉通布置，如图 5-29 所示。

墙体绘制时，默认定位线是墙中心线，而项目中，墙体外边线与柱外边线重合，这里需要通过"对齐"来调整。在功能区的"修改"选项卡的"修改"选项组中单击"对齐"按钮，先单击柱外边线，再单击挡土墙外边线，实现墙体向外对齐，如图 5-30 所示。

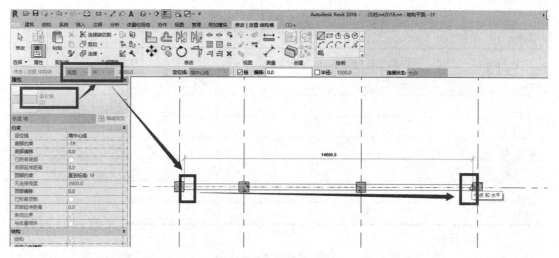

图 5-29　连续绘制墙体

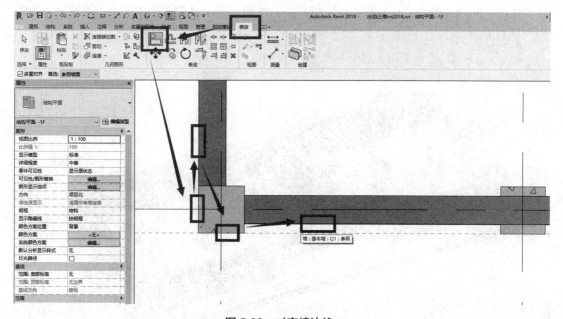

图 5-30　对齐墙边线

注意：根据《建筑工程设计信息模型制图标准》(JGJ/T 448-2018)中第 4.1.4 条，现浇混凝土材料的模型单元的空间占位应符合下列规定。

(1) 较高强度混凝土构配件的模型单元不应被较低强度混凝土构配件的模型单元重叠或剪切；

(2) 当混凝土强度相同时，模型单元优先级应符合表 5-1 的规定，其中优先级较高的模型单元不应被优先级较低的模型单元重叠或剪切，优先级相同的模型单元不宜重叠。

表 5-1　混凝土强度相同的模型单元优先级

模型单元名称	优先级
基础	1
结构柱	2
结构梁	3
结构墙	4
结构板	5
建筑柱	6
建筑墙	7

注：1. 优先级 1 最高，2 次之，依次类推。

　　2. 结构梁与结构墙的模型单元优先级尚应符合项目所在地现行的有关工程计算规则。

　　依此，完成 1 轴线、8 轴线、A 轴线、D 轴线等直形墙体的绘制以及 Q3 的绘制，效果如图 5-31 所示。

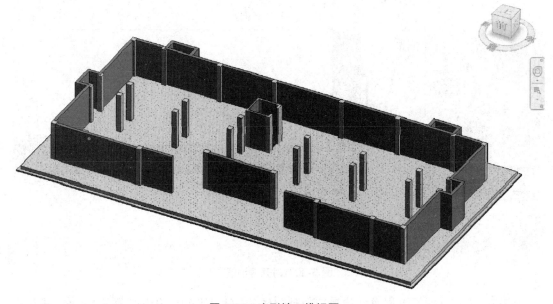

图 5-31　直形墙三维视图

5.2.2　弧形墙的绘制

1. 弧形墙绘制

在功能区中单击"结构"选项卡，单击"墙"按钮，在弹出的下拉菜单中选择"墙:结构"命令，进入结构墙界面，单击"属性"选项板中的"编辑类型"，如图 5-27 所示。

在"属性"选项板中，切换至 Q1，将默认"深度"修改为"高度"，将默认"未连接"修改为 1F，在功能区的"修改|放置结构墙"选项卡的"绘制"选项组中单击"起点-终点-半径弧"按钮，依次单击弧形墙起点和终点，并设置一个半径，如图 5-32 所示。

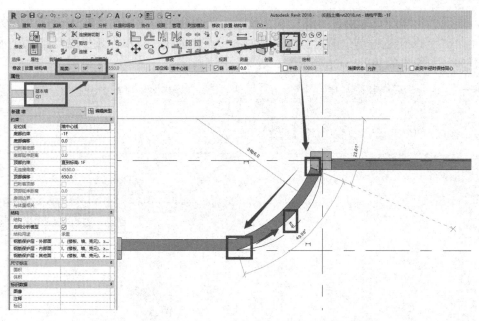

图 5-32　利用"起点－终点－半径弧"按钮绘制弧形墙

注意：在绘制弧形结构时，如果无法确定具体的起点、终点、半径的圆心位置时，可以先简单绘制一面弧形墙，并通过"对齐"的方式解决。

2. 弧形墙修改

在功能区的"修改"选项卡的"修改"选项组中单击"对齐"按钮，依次单击目标位置弧线轴线，再单击需要移动墙体的弧线，完成对齐，如图 5-33 所示。对齐后会出现墙体长度超出起点或者短缺一截的情况，如图 5-34 所示。

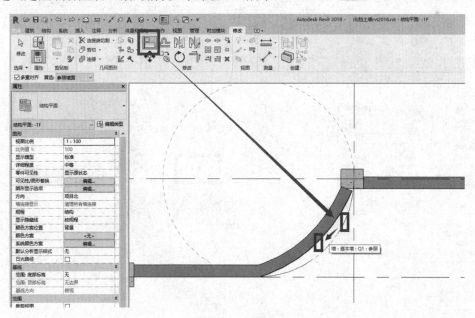

图 5-33　对齐弧形墙

当出现弧形墙超过起点位置或短缺一截时，在功能区的"修改"选项卡的"修改"选项组中单击"修剪/延伸单个图元"按钮，单击起点位置线，再单击弧形墙要保留段进行修剪或延伸，如图 5-34 和图 5-35 所示。

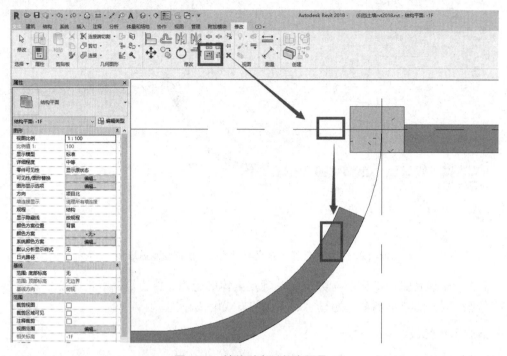

图 5-34 墙体对齐后长度不足

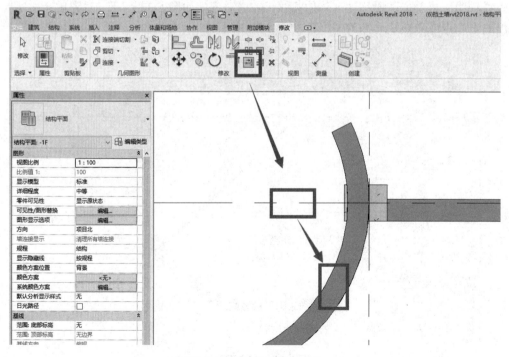

图 5-35 墙体长度超过起点

5.2.3 墙体高度的调整

1. 调整 Q2

根据 Q2 的大样图可知，部分 Q2 上标高为 0.6m，结合其他图纸可知，Q2 在通风井和排烟井位置，应超过 1F 标高 650mm，如图 5-36 所示。

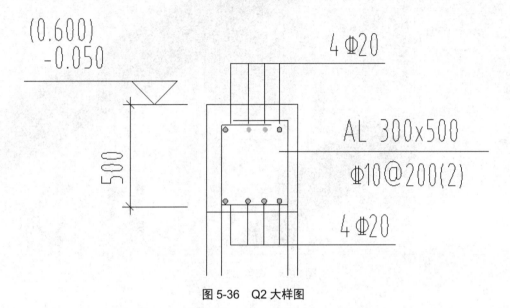

图 5-36 Q2 大样图

在平面图视图或三维视图中，按住 Ctrl 键依次选择通风井和采光井挡土墙 Q2，在"属性"选项板中，修改"顶部偏移"为 650，按 Enter 键确定，如图 5-37 所示。

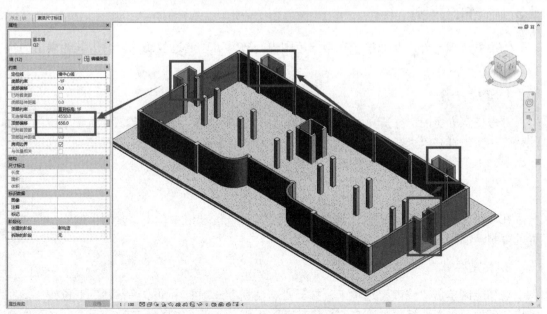

图 5-37 调整 Q2 标高

2. 调整 Q3

在平面图视图或 3D 视图中，按住 Ctrl 键依次选择电梯井墙体 Q3，在"属性"选项板中修改"底部偏移"为-1750，按 Enter 键确定，如图 5-38 所示。

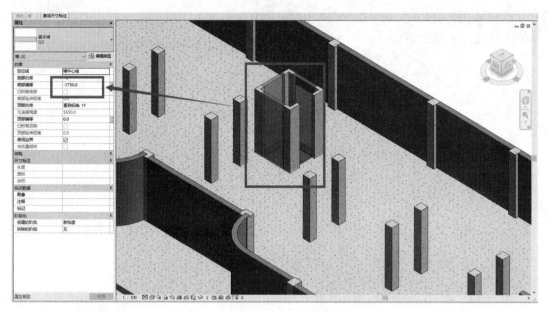

图 5-38　调整 Q3 标高

5.3　竖向构件的复制

5.3.1　柱的复制

除约束边缘柱外，其他柱子在全国范围内一致，可以通过复制功能实现其他楼层的快速复制。

1. 选择柱子

双击任意立面图，打开立面视图，拉框选择-1F 的柱子，单击"修改"选项卡下的"过滤器"按钮，打开"过滤器"对话框，在过滤器中只保留 36 个柱子，其他类别一律取消。单击"确定"按钮完成柱子的选择，如图 5-39 所示。

2. 复制柱

在功能区的"修改|结构柱"选项卡的"剪贴板"选项组中单击"复制"按钮，完成构件的复制，如图 5-40 所示。

3. 粘贴柱

在功能区单击"修改"选项卡，打开"剪贴板"选项组中单击"粘贴"下拉按钮，在弹出的下拉菜单中选择"与选定的标高对齐"命令，打开"选择标高"对话框，如图 5-41 所示。

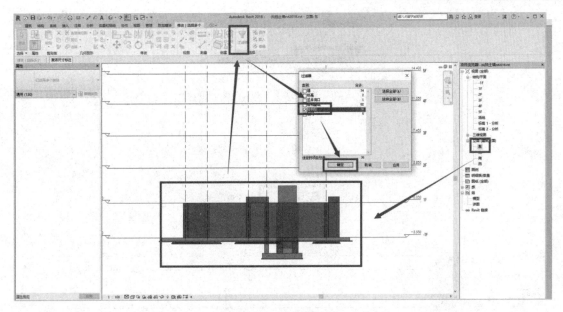

图 5-39　选择柱子

图 5-40　"剪贴板"复制

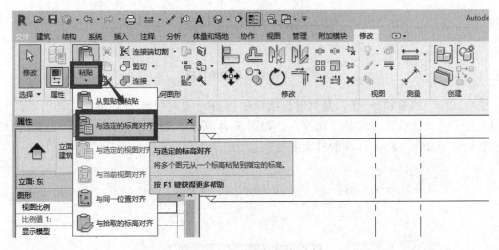

图 5-41　与选定的标高对齐

　　选择 2F，单击"确定"按钮，如图 5-42 所示，完成复制。

　　在"属性"选项板中的"底部偏移"栏输入 0，让 1F 所有柱子底部偏移都为 0，如图 5-43 所示。

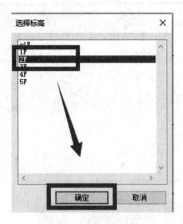

图 5-42　选择标高

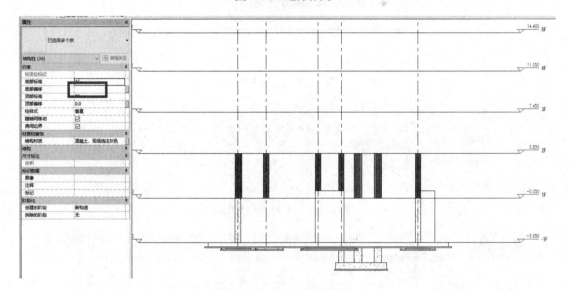

图 5-43　　修改底部偏移量

注意：柱子的绘制在-1F，复制时直接粘贴到 2F，没有经过 1F，而构件却出现在 1F，原因是柱子的默认放置方式是"深度"，如图 5-44 所示，即从当前标高向下偏移。因此，这里复制到-0.05～3.85m 标高的柱需要复制到 2F。

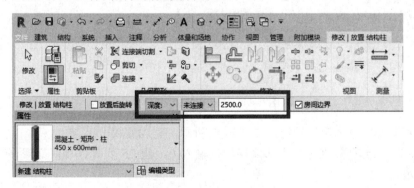

图 5-44　柱子的默认放置参数

4. 继续复制柱

在未取消选择的状态下，继续在功能区的"修改"选项卡的"剪贴板"选项组中单击"复制"按钮，完成柱的复制，并单击旁边的"粘贴"按钮，在弹出的下拉菜单中选择"与选定的标高对齐"命令，如图 5-45 所示，并粘贴到 3F，如图 5-42 所示，此时"属性"选项板中"底部偏移"的参数为-300，如图 5-46 所示。将"属性"选项板的"底部偏移"量修改为 0，如图 5-47 所示。

双击"项目浏览器"中 5F，进入屋面层平面图，按住 Ctrl 键依次单击 4 个约束边缘柱，在"属性"选项板中将"顶部偏移"量修改为 1500，如图 5-48 所示。

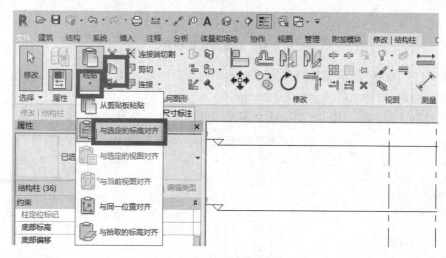

图 5-45　继续复制柱

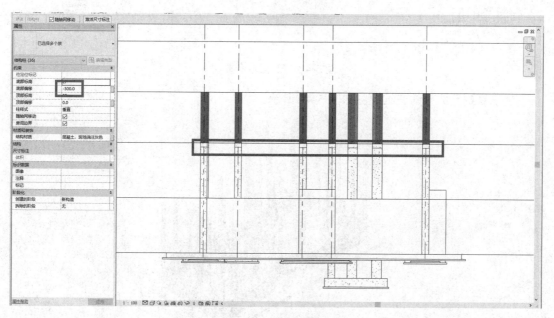

图 5-46　2F 的柱参数

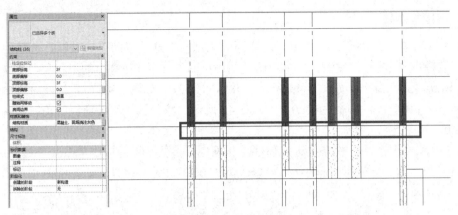

图 5-47　修改底部偏移量

注意：(1) 此处"底部偏移"量为 300 是因为层高问题，1F 层高 3900，2F 层高 3600，因此，粘贴到 2F 后柱子高度会多出 300mm。

(2)继续向上复制到屋面 4F 后，还会多出-250。此处不再赘述。

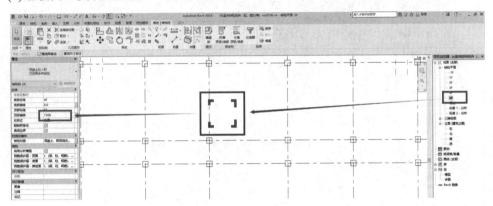

图 5-48　5F 层柱参数

柱子复制完成后的三维视图如图 5-49 所示。

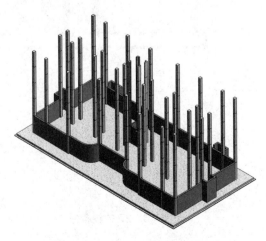

图 5-49　柱的三维视图

5.3.2　修改构件名称

在创建构件时，经常遇到不同楼层同一位置，构件尺寸相同，但发挥的作用不同而导致名称上有区别；或者是某位置布置上同类构件，但具体构件出错，需要修改的情况。此时，删除已绘制构件并重新绘制相对比较麻烦且速度较慢，这里可以通过直接从类型选择器中修改实现快速的置换同类型构件。

在 5F 平面图中，依次选择两个 YBZ1，在"属性"选项板中单击"编辑类型"按钮，在弹出的"类型属性"界面中单击"复制"按钮，将"名称"命名为 GBZ1，单击"确定"按钮，完成命名工作，再单击"确定"按钮，完成构件的转换，如图 5-50 所示。

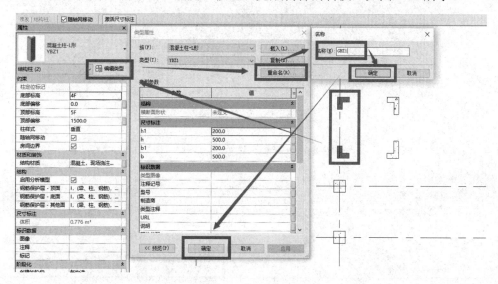

图 5-50　构件的转换

依此，完成 GBZ2 的转换。

5.3.3　墙的复制

方法同柱。

1. 选择墙体 Q3

双击"项目浏览器"的 1F，进入 1F 平面图，拉框选择电梯墙体，在功能区的"修改|选择多个"选项卡的"选择"选项组中单击"过滤器"按钮，进入"过滤器"界面，只选中"墙"，单击"确定"按钮，完成 3 面 Q3 墙体的选择，如图 5-51 所示。

2. 向上复制

完成墙体 Q3 的选择后，在功能区的"修改|墙"选项卡的"剪贴板"选项组中单击"复制"按钮，完成复制工作。

在功能区的"修改|墙"选项卡的"剪贴板"选项组中单击"粘贴"下拉按钮，在弹出的下拉菜单中选择"与选定的标高对齐"，在弹出的对话框中拉框选择 2F、3F、4F、5F，

BIM 技术应用(微课版)

单击"确定"按钮，完成由-1F 向 2F、3F、4F、5F 复制，如图 5-52 所示。

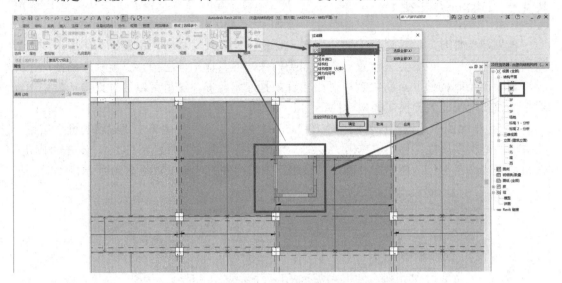

图 5-51　选择结构墙

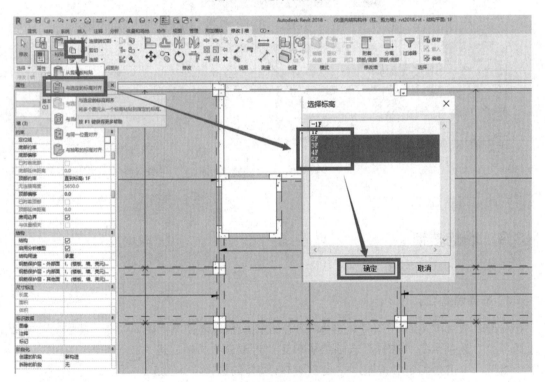

图 5-52　复制结构墙

3. 标高调整

复制完成后，默认复制后的构件是被选中的。查看"属性"选项板可见"底部偏移"量并不统一为 0，而 1F～4F 的柱"顶部偏移"量和"底部偏移"量应均为 0，因此需要调整为 0，如图 5-53 所示。

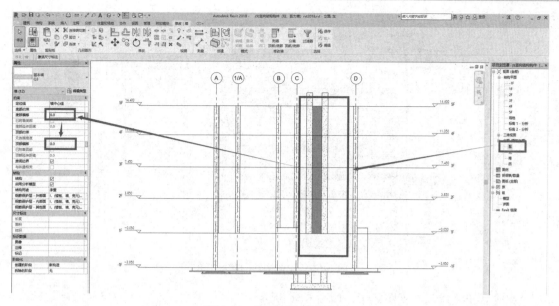

图 5-53　调整结构墙偏移量

从左下向右上拉框选择 4F 电梯井墙体 Q3，在功能区的"修改|墙"选项卡的"选择"选项组单击"过滤器"按钮，在弹出的"过滤器"界面中只选中"墙"，单击"确定"按钮，完成选择，在"属性"选项板中将"顶部偏移"修改为 1500，如图 5-54 所示。

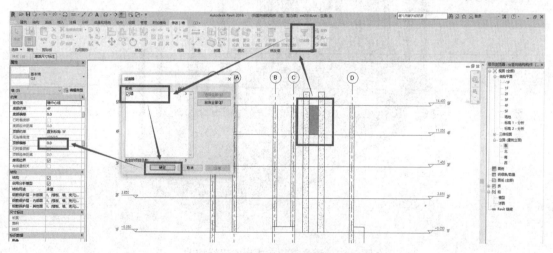

图 5-54　调整顶层结构墙偏移

4. 构件转换

选择 4F 电梯井墙 Q3，单击"属性"选项板中的"编辑类型"按钮，在弹出的"类型属性"界面中单击"复制"按钮，在弹出的"重命名"对话框中将新名称定义为 Q4，单击"确定"按钮，再单击"确定"按钮完成构件由 Q3 向 Q4 的转换，如图 5-55 所示。

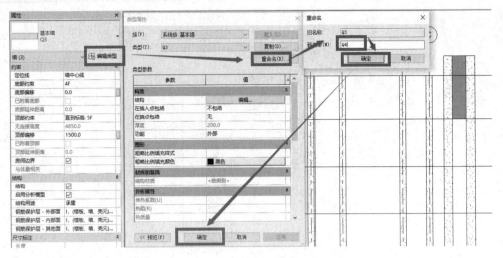

图 5-55　墙体构件的转换

完成后的墙体三维视图效果，如图 5-56 所示。

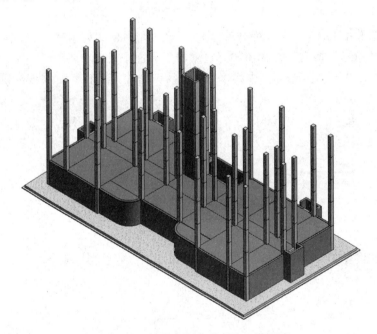

图 5-56　墙体复制完成后的三维视图

第6章 梁 与 板

学习目标：

◆ 了解弧形图元的对齐；
◆ 了解隐藏图元的方法；
◆ 熟悉参照平面的使用方法；
◆ 熟悉构件的拆分；
◆ 掌握梁的定义、布置与竖向复制；
◆ 掌握板的定义、布置与竖向复制。

本章导读：

　　框架梁(KL)是指两端与框架柱(KZ)相连的梁。Revit 中提供了梁、桁架、支撑和梁系统4 种创建结构梁的方式，其中梁和支撑生成梁图元方式与墙类似。在建立结构梁模型前，先根据项目图纸确定结构梁构件的尺寸、定位、属性等信息。

　　楼板是建筑物中用于分割各层空间的构件，Revit 提供 3 种楼板构件，即建筑、结构和楼板边。

　　结构层是楼板层的承重构件，是其核心与骨架部分。通过与创建楼板时所用工具类似的一组工具，向建筑模型中添加结构楼板。此工具包括创建和编辑楼板边、加厚板、托板或坡道，以及结构楼板类型的用户创建。

6.1 梁

梁(微课)

6.1.1 框架梁

1. 进入 1F

　　在"项目浏览器"中找到"结构平面"选项，双击 1F，切换至-0.05m 标高，如图 6-1所示。

　　注意：在创建模型时，要关注梁、板标高。通常情况下，1 楼底梁(案例中-0.05m 标高)要在 1F 中完成。同理，1 楼顶梁(案例中 3.85m 标高)应在 2F 中完成。

图6-1　"项目浏览器"的"结构平面"界面

2. 梁定义

在功能区的"结构"选项卡的"结构"选项组中单击"梁"按钮，在"属性"选项板中单击"类型选择器"选项，选中"混凝土-矩形梁"下的构件，单击"编辑类型"按钮，进入"类型属性"界面

在"类型属性"界面中单击"复制"按钮，在弹出的对话框中输入新的名称"KL3"(这里以框架梁3为例)，单击"确定"按钮，完成混凝土矩形梁的复制。将"尺寸标注"b修改为250、h修改为500，单击"确定"按钮完成KL3的定义，如图6-2所示。

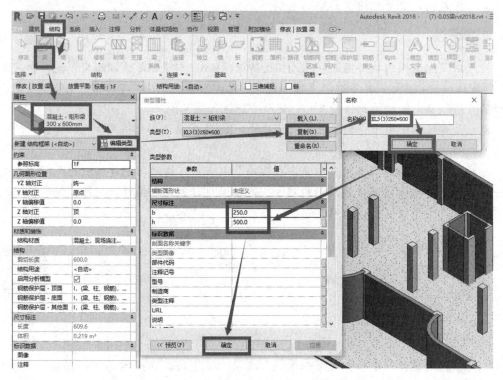

图6-2　定义梁

依此，定义"地下室顶梁配筋图"中包含的其他梁即KL4、KL5、KL7、KL8、KL9、KL10、KL10a、KL10b、L1，参数如图6-3至图6-11所示。

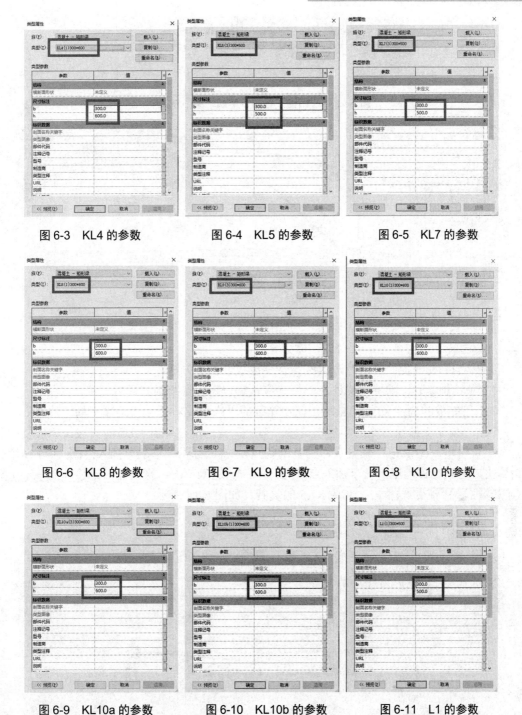

图 6-3　KL4 的参数　　　　图 6-4　KL5 的参数　　　　图 6-5　KL7 的参数

图 6-6　KL8 的参数　　　　图 6-7　KL9 的参数　　　　图 6-8　KL10 的参数

图 6-9　KL10a 的参数　　　图 6-10　KL10b 的参数　　　图 6-11　L1 的参数

3. 绘制梁

　　在功能区的"结构"选项卡的"结构"选项组中单击"梁"按钮，进入放置梁界面，如图 6-12 所示。在"属性"选项板的"类型选择器"中选择要绘制的结构框架(这里以 KL5 为例)，单击"绘制-线"按钮，再依次单击 KL5 的起点和终点，完成第一个 KL5 的绘制，如图 6-13 所示。

图 6-12 "结构"选项卡中的"梁"按钮

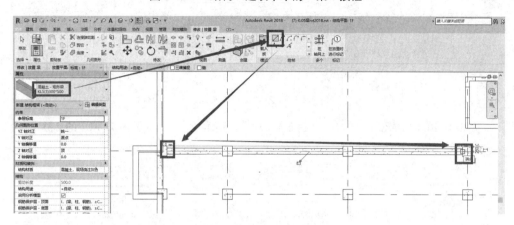

图 6-13 放置梁

注意：(1) 在捕捉到端点时，鼠标指针变成玫红色小方框。

(2) 在绘制梁时，除特殊梁外，一根梁应从第一跨一直绘制到最后一跨。

单击已完成的构件 KL5 的轮廓，在功能区的"修改|结构框架"选项卡的"修改"选项组中单击"复制"按钮，在选项栏中选中"多个"复选框，单击 KL5 的一段，完成复制基点的选择(这里以①轴与 C 轴交点作为复制基点)，将鼠标指针移动至插入点(①轴与 B 轴交点)单击，将鼠标移动至下一个插入点(⑤轴与 C 轴交点)单击，将鼠标指针移动至下一个插入点(⑤轴与 B 轴交点)单击，完成 KL5 的复制，如图 6-14 所示。

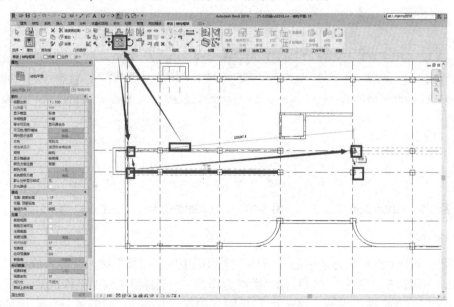

图 6-14 复制梁

4. 对齐

在功能区的"修改"选项卡的"修改"选项组中单击"对齐"按钮，先单击柱边线，再单击梁边线，完成对齐，如图 6-15 所示。依此，完成其他 KL5 的对齐。

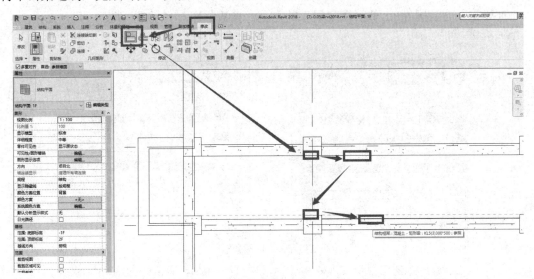

图 6-15　对齐 KL5

注意：当有多个重复构件时，可以通过选中选项栏中的"多个"复选框，实现多次复制。

依此，完成一种梁绘制后，在"类型选择器"中切换为另一根梁(这里以 KL8 为例)，使用"绘制-线"的形式，完成 KL8 的绘制，如图 6-16 所示。

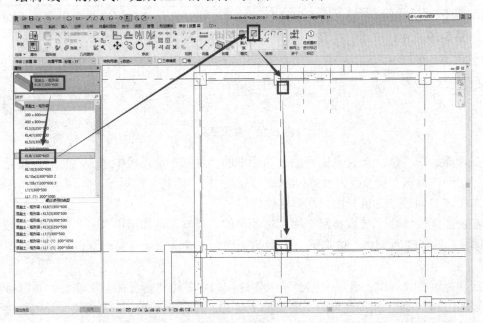

图 6-16　绘制 KL8

6.1.2　连梁

1. 连梁定义

连梁定义方法同 6.1.1 节"框架梁"的定义，参数如图 6-17 和图 6-18 所示。

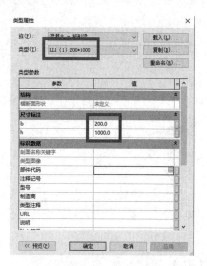

图 6-17　LL1 的参数　　　　图 6-18　LL2 的参数

注意：连梁指在剪力墙结构和框架-剪力墙结构中，连接墙肢与墙肢，在墙肢平面内相连的梁。连梁一般具有跨度小、截面大以及与连梁相连的墙体刚度很大等特点。

2. 拆分图元

在功能区的"建筑"或"结构"选项卡的"工作平面"选项组中单击"参照平面"按钮，如图 6-19 所示。

图 6-19　参照平面

在功能区的"修改|放置参照平面"选项卡的"绘制"选项组中单击"直线"按钮，将选项栏中的"偏移"量修改为 950，沿②轴线从上向下绘制一段短线，如图 6-20 所示。短线要求穿过 D 轴线，为拆分图元起到定位作用。

在功能区的"修改|放置参照平面"选项卡的"绘制"选项组中单击"拾取线"按钮，将"偏移"量修改为 1100，单击第一个参照平面，完成第二个参照平面的绘制，如图 6-21 所示。

在功能区的"修改"选项卡的"修改"选项组中单击"拆分图元"按钮，将鼠标指针移动至 LL2 起点处，捕捉到参照平面与挡土墙 Q1 的交点，单击，完成第一处墙体拆分。依此，将鼠标指针移动至另一处接头处，单击，完成第二处墙体拆分，如图 6-22 所示。

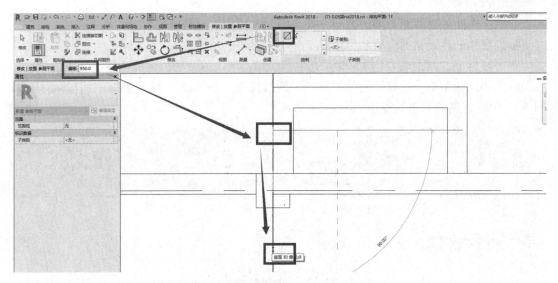

图 6-20　绘制第一个参照平面

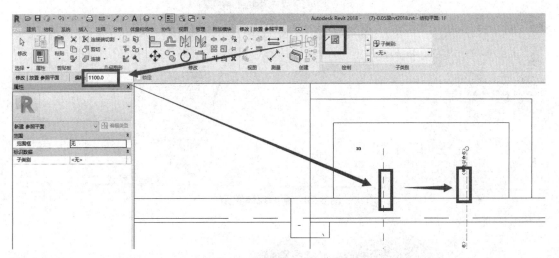

图 6-21　绘制第二个参照平面

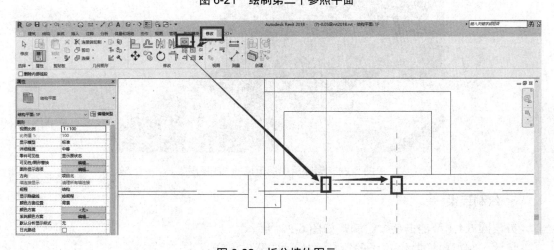

图 6-22　拆分墙体图元

注意：在此处讲解剪力墙的拆分主要出于两个原因：一是降低剪力墙环节的学习压力；二是更直观地表达连梁的位置和作用。

单击被拆分的挡土墙 Q1 的轮廓，选中挡土墙，单击修改功能区的"删除"按钮；右击并在弹出的快捷菜单中选择"删除"命令；或按键盘上的 Delete 键，删除中间段墙体，如图 6-23 所示。删除后该处墙体如图 6-24 所示。

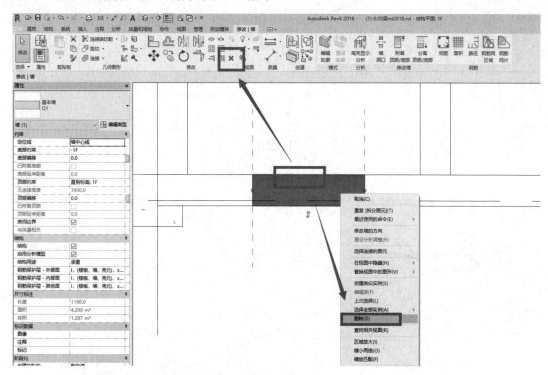

图 6-23　删除墙体图元

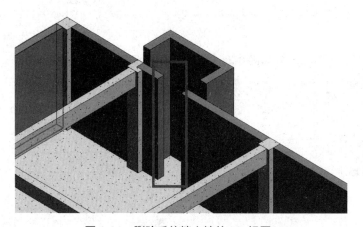

图 6-24　删除后的挡土墙的 3D 视图

3. 绘制连梁

方法同 6.1.1 节的框架梁绘制，如图 6-25 所示。

依此，完成电梯井处 LL1 的绘制，效果如图 6-26 所示。

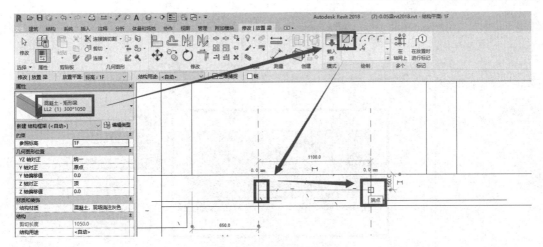

图 6-25　连梁的绘制

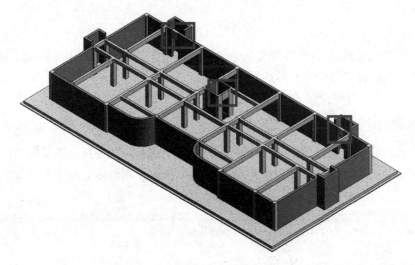

图 6-26　连梁绘制完成后的三维视图

6.1.3　梁复制

对比图纸，可见 3.85m 标高梁和-0.05m 标高梁的名称和尺寸相同，此外，3.85m 标高梁在建筑四周还有一圈，因此可以通过复制，将-0.05m 梁复制到 3.85m 标高后，再进行修改。

1. 梁选择

在 1F 拉框选择所有构件，在功能区的"修改|选择多个"选项卡的"选择"选项组中单击"过滤器"按钮，在弹出的"过滤器"界面中选中"结构框架(其他)""结构框架(大梁)"和"结构框架(托梁)"，单击"确定"按钮，完成梁的选择，如图 6-27 所示。

2. 梁复制

完成梁的选择后，在功能区的"修改|结构框架"选项卡的"剪贴板"选项组中单击"复制"按钮，完成复制工作。

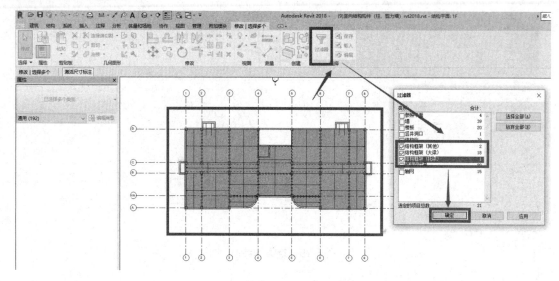

图 6-27　梁选择

在功能区的"修改|结构框架"选项卡的"剪贴板"选项组中单击"粘贴"按钮，在弹出的下拉菜单中选择"与选定的标高对齐"命令，在弹出的对话框中选择 2F，单击"确定"按钮，完成由 1F 向 2F 复制，如图 6-28 所示。复制后的梁如图 6-29 所示。

3. 多余梁删除

按住键盘上的 Ctrl 键，依次单击①轴、⑧轴、D 轴上 4 根连梁，在功能区的"修改|结构框架"选项卡的"修改"选项组中单击"删除"按钮，删除多余的 4 根连梁，如图 6-30 所示。

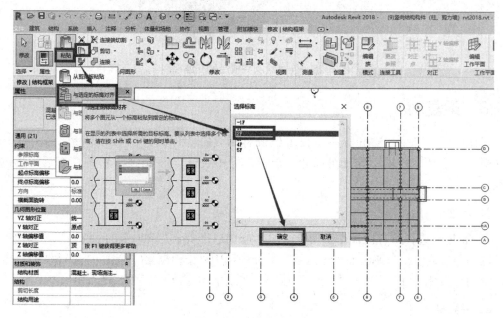

图 6-28　复制梁构件

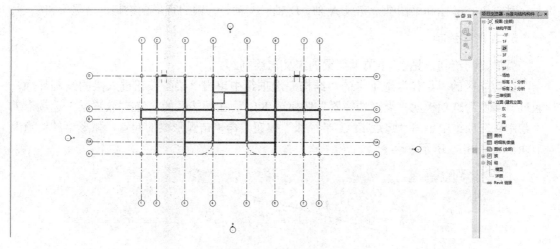

图 6-29　3.85m 梁

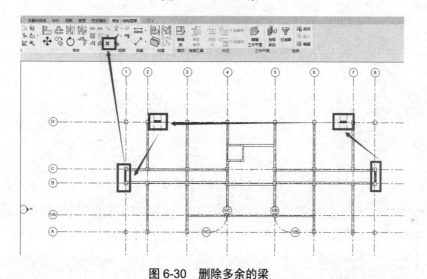

图 6-30　删除多余的梁

4. 边框梁定义与绘制

方法同 6.1.1 节框架梁的定义与绘制，参数如图 6-31 至图 6-34 所示。

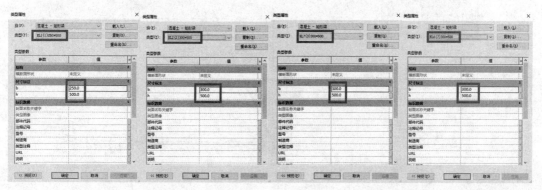

图 6-31　KL1 的参数　　图 6-32　KL2 的参数　　图 6-33　KL7 的参数　　图 6-34　KL6 的参数

对照 3.85m 标高梁图纸，完成 A 轴、D 轴、①轴、⑧轴的直形梁绘制，这里不再赘述。

5. 弧形梁绘制

弧形梁的绘制详见 3.3.1 节框架梁的定义与绘制。

在功能区的"结构"选项卡的"结构"选项组中单击"梁"按钮进入梁的绘制界面，通过"属性"选项板的"类型选择器"切换至 KL1，在功能区的"修改|放置梁"选项卡的"绘制"选项组中单击"起点-终点-半径弧"按钮，再单击弧形梁的起点、弧形梁的终点及半径，如图 6-35 所示。

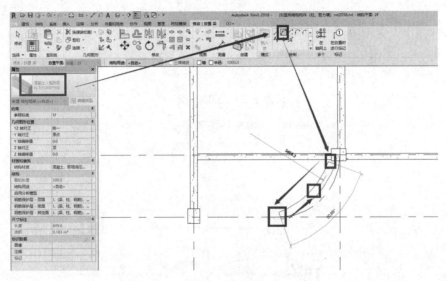

图 6-35　绘制弧形梁

在功能区的"修改|放置梁"选项卡的"绘制"选项组中单击"线"按钮，在绘图区单击弧形梁直线段起点和弧形梁直线段终点，完成直线段梁的绘制，如图 6-36 所示。

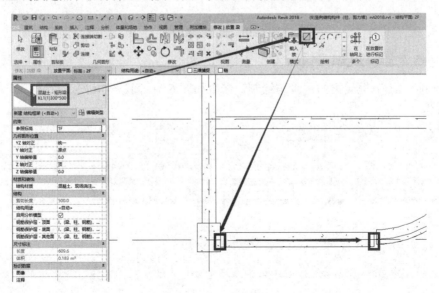

图 6-36　补齐直线段

注意：为方便弧形梁的对齐，应尽可能避免弧形梁与弧形轴线重合。

在功能区的"修改"选项卡的"修改"选项组中单击"对齐"按钮，再单击弧形轴线和弧形梁外边线，完成弧形段的对齐，如图 6-37 所示。

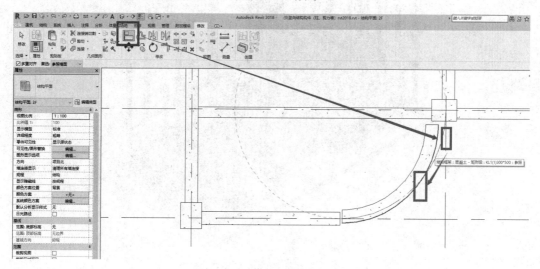

图 6-37　对齐弧形线段的梁边

在功能区的"修改"选项卡的"修改"选项组中单击"对齐"按钮，单击 A 轴线，单击弧形梁直线段外边线，完成弧形梁直线段的对齐操作，如图 6-38 所示。完成后的 3.85m 梁如图 6-39 所示。

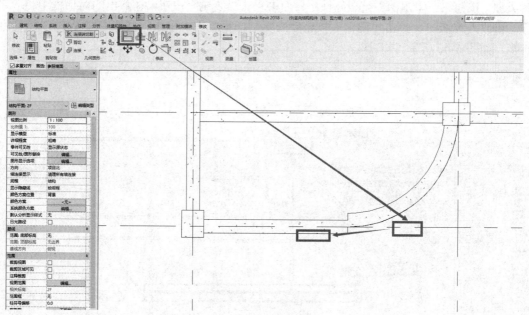

图 6-38　对齐直线段

在功能区的"修改"选项卡的"剪贴板"选项组中单击"复制"按钮，再单击旁边的"粘贴"按钮，在弹出的下拉菜单中选择"与选定的标高对齐"，依次完成 3F、4F、5F 层的复制和粘贴，并对照图纸修改参数不同的梁。

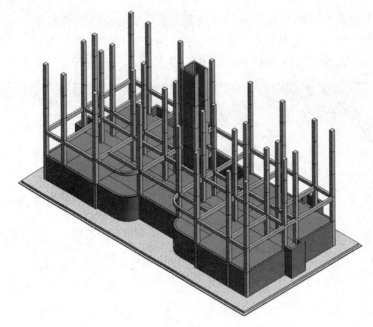

图 6-39　3.85m 梁完成后的三维视图

6.1.4　屋框梁的转换

　　双击"项目浏览器"中 5F，进入屋面层平面图，选中 KL3，单击"属性"选项板中"编辑类型"按钮，在弹出的"类型属性"界面中单击"复制"按钮，在弹出的对话框中将"名称"修改为 WKL3，单击"确定"按钮完成复制，再单击"确定"按钮完成 WKL3 的构件转换，如图 6-40 所示。

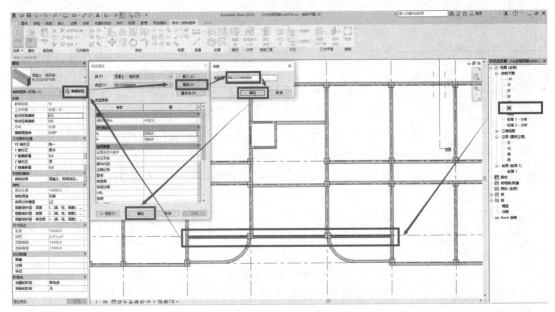

图 6-40　将框架梁转换成屋框梁

依此，完成屋面其他梁的构件转换，梁的三维视图效果如图 6-41 所示。

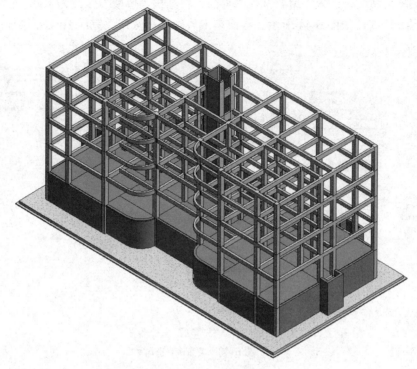

图 6-41　梁的三维视图

6.2　楼　　板

楼板(微课)

6.2.1　楼板的绘制

1. 板的定义

在功能区的"结构"选项卡的"结构"选项组中单击"楼板"按钮，在弹出的下拉菜单中选择"楼板:结构"，进入楼板绘制界面，如图 6-42 所示。

图 6-42　选择"楼板:结构"命令

在"属性"选项板的"类型选择器"中选择"楼板-常规"选项，单击"编辑类型"按钮，进入"类型属性"界面单击"复制"按钮，在弹出的对话框中，将"名称"修改为 H=160，

BIM 技术应用(微课版)

单击"确定"按钮完成构件复制，如图 6-43 所示。完成构件复制后，单击"类型属性"界面的"编辑"按钮，进入"编辑部件"界面，将结构"厚度"修改为 160，单击"确定"按钮完成厚度修改，如图 6-44 所示。再次单击"确定"按钮，完成 H=160 楼板的定义。

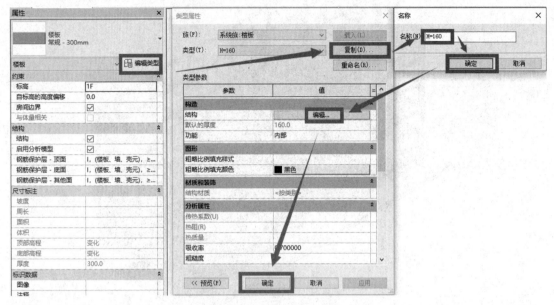

图 6-43　复制结构楼板

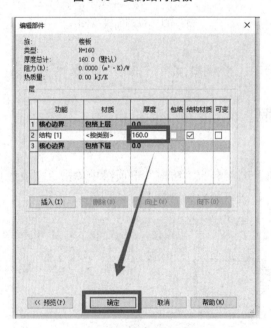

图 6-44　编辑楼板厚度

依此，完成 H=130 和 H=120 楼板的定义，参数如图 6-45 和图 6-46 所示。

2. 隐藏构件

为减少其他构件的影响，使绘图更方便，经常需要隐藏部分构件。

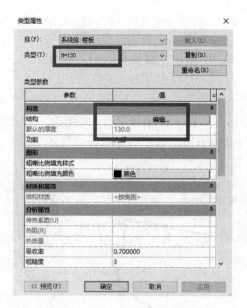

图 6-45 H=130 楼板的参数设置

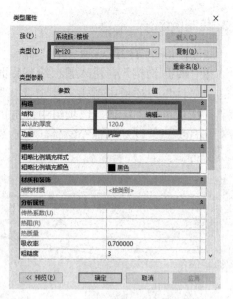

图 6-46 H=120 楼板的参数设置

这里隐藏梁和挡土墙，在只显示轴网和柱子的前提下，通过矩形绘制方法绘制楼板。

在功能区的"视图"选项卡的"图形"选项组中单击"可见性/图形"按钮，打开"可见性/图形"替换界面，在"模型类别"选项卡下取消选中"墙"和"结构框架"，单击"确定"按钮，完成墙体和框架梁的隐藏，如图 6-47 所示。

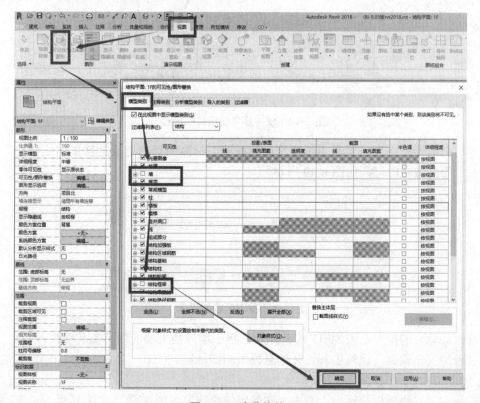

图 6-47 隐藏构件

3. 绘制楼板

在功能区的"结构"选项卡的"结构"选项组中单击"楼板"按钮，在弹出的下拉菜单中选择"楼板:结构"，进入楼板绘制界面。

在"属性"选项板中单击"类型选择器"，选择 H=120，在功能区的"修改|创建楼层边界"选项卡的"绘制"选项组中单击"矩形"按钮，沿轴线交点绘制楼板，单击①轴线与 A 轴线交点，移动鼠标至②轴线与 C 轴线交点单击，单击"完成编辑模式"按钮，如图 6-48 所示。

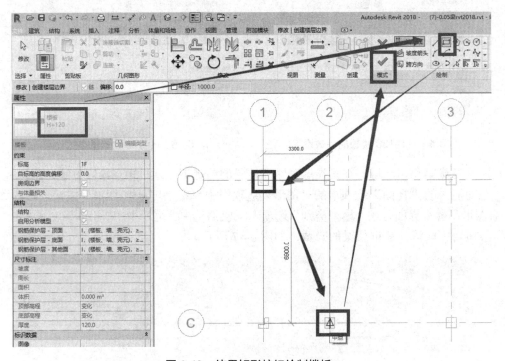

图 6-48　使用矩形按钮绘制楼板

弹出的对话框中显示"是否希望将高达此楼层标高的墙附着到此楼层的底部？"，这里单击"否"按钮即可，如图 6-49 所示。

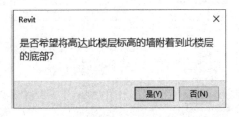

图 6-49　是否附着的提示

注意：此处的提示是因为-1F 层外侧存在挡土墙，挡土墙的顶标高和楼板顶标高一致，存在位置冲突，根据《建筑工程设计信息模型制图标准》(JGJ/T 448—2018)规定(具体条款详见 5.2.1 节)，可以不去做处理。

在完成第一块楼板绘制后，右击，在弹出的快捷菜单中选择"重复[楼板:结构]"命令，继续绘制楼板，如图 6-50 所示。

在进入继续绘制界面后，单击"属性"选项板的"类型选择器"，选择 H=160 的板，在功能区的"修改|创建楼层边界"选项卡的"绘制"选项组中单击"矩形"按钮，依次单击③轴线与 D 轴线交点和②轴线与 C 轴线交点，单击"完成编辑模式"按钮，如图 6-51 所示，完成第二块板的绘制，在弹出的对话框中依然单击"否"按钮。

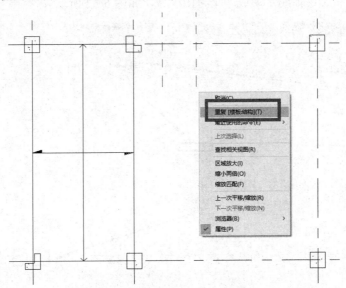

图 6-50　楼板绘制时的快捷菜单

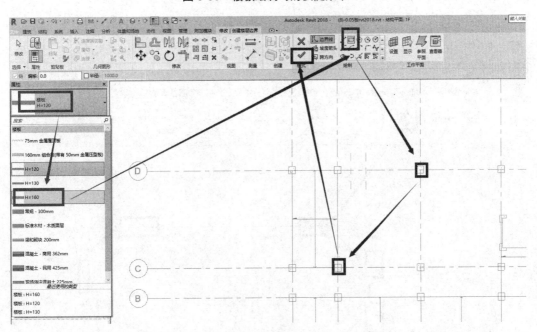

图 6-51　继续绘制楼板

6.2.2 不规则楼板的绘制

在"属性"选项板中单击"类型选择器"切换至 H=120,在功能区的"修改|创建楼层边界"选项卡的"绘制"选项组中单击"拾取线"按钮,在绘图区依次单击 1/A 轴线、③轴线、A 轴线和弧形轴线,形成一个封闭区域,如图 6-52 所示。

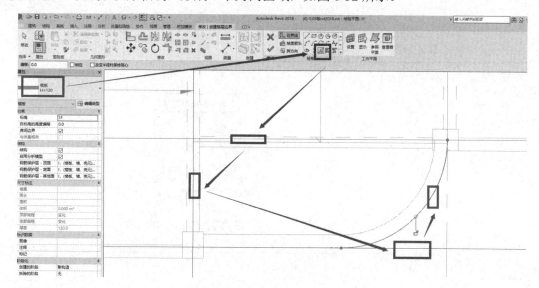

图 6-52 拾取板边线

在功能区的"修改|创建楼层边界"选项卡的"修改"选项组中单击"修剪/延伸为角"按钮,在绘图区依次单击每个转角处的两个边线所要保留的段,如图 6-53 所示,修剪成一个完整的闭环。

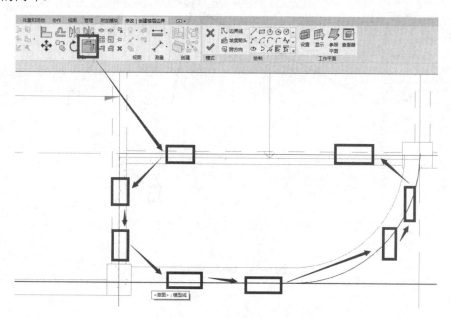

图 6-53 修剪模型线

-0.05m 楼板完成后的效果如图 6-54 所示。

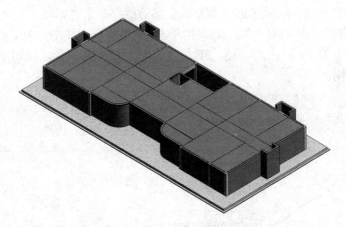

图 6-54　完成-0.05m 楼板的效果图

6.2.3　楼板的复制

1. 选择楼板

双击"项目浏览器"中 1F，进入一层平面图，拉框选择-0.05m 构件，在功能区的"修改|选择多个"选项卡的"选择"选项组中单击"过滤器"按钮，在弹出的"过滤器"界面中仅选中"楼板"，单击"确定"按钮，完成楼板的选择，如图 6-55 所示。

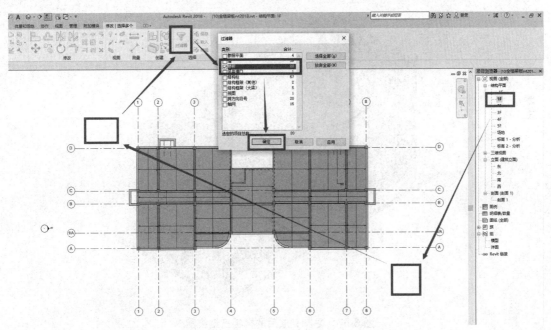

图 6-55　选择楼板

2. 板向上复制

完成楼板的选择后，在功能区的"修改"选项卡的"剪贴板"选项组中单击"复制"

按钮，完成复制操作。

在功能区的"修改"选项卡的"剪贴板"选项组中单击"粘贴"按钮，在弹出的下拉菜单中选择"与选定的标高对齐"，在弹出的对话框中拉框选择 2F、3F、4F、5F，单击"确定"按钮，完成由 1F 向 2F、3F、4F、5F 的复制，如图 6-56 所示，复制完成后的三维视图效果如图 6-57 所示。

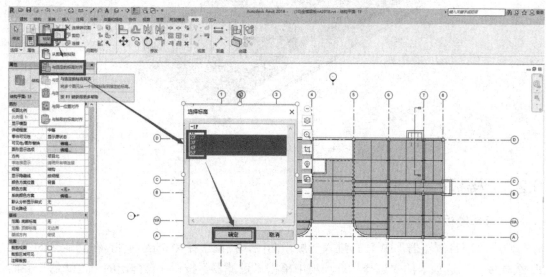

图 6-56　复制楼板

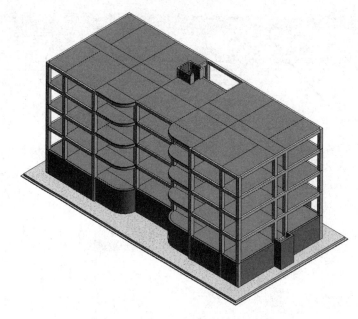

图 6-57　复制完成后的楼板三维视图

3. 板的修正

根据图纸，在 3.85m 和 11.05m 标高④～⑤轴线和 1/A～B 轴线中间存在板洞线，此处无板，如图 6-58 所示。

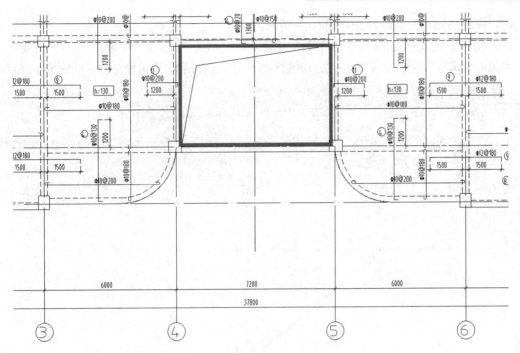

图 6-58　3.85m 和 11.05m 处的样板

在模型中，删除该楼板，如图 6-59 所示。

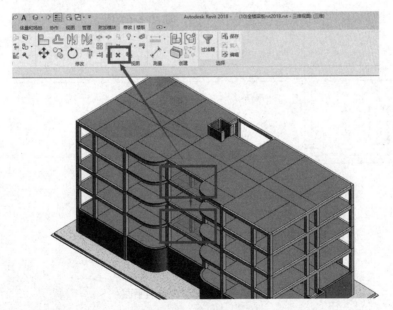

图 6-59　删除多余楼板

6.2.4　悬挑板的绘制

1. 创建参照平面

在功能区的"建筑"或"结构"选项卡的"工作平面"选项组中，单击"参照平面"

按钮，进入参照平面的绘制，如图 6-19 所示。

在功能区的"修改|放置参照平面"选项卡的"绘制"选项组中单击"线"按钮，将选项栏的"偏移"量修改为 2000，沿⑧轴线由下向上绘制第一个参照平面，如图 6-60 所示。

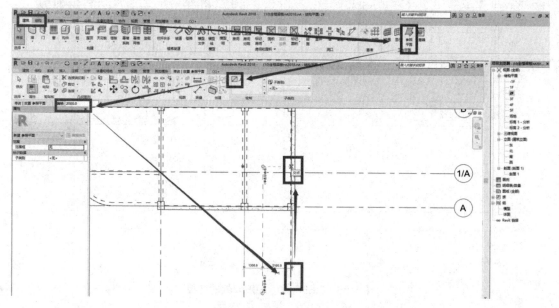

图 6-60　绘制第一个参照平面

沿 A 轴线，从左向右绘制第二个参照平面，如图 6-61 所示。

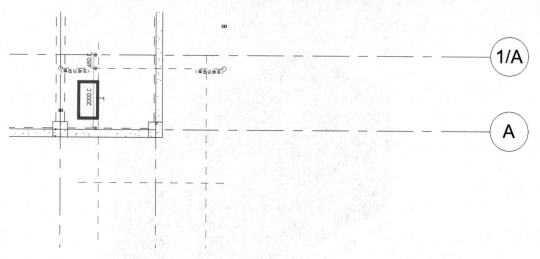

图 6-61　绘制第二个参照平面

将"偏移"量修改为 1780，沿⑧轴线由上向下绘制第三个参照平面，如图 6-62 所示。沿 A 轴线，从右向左绘制第四个参照平面，如图 6-63 所示。

2. 定义板

双击"项目浏览器"的 2F，切换至 2F。板定义详见 6.1.2 节关于有梁板内容，如图 6-64 所示。

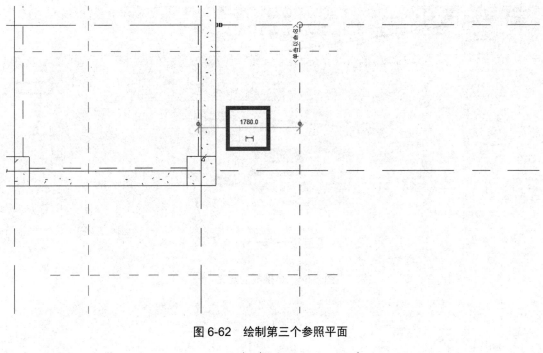

图 6-62　绘制第三个参照平面

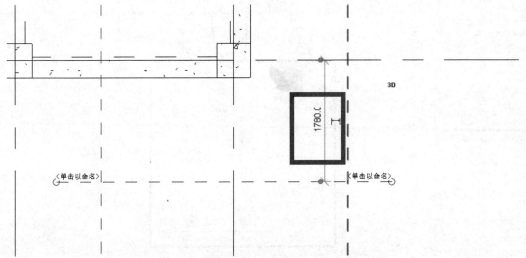

图 6-63　绘制第四个参照平面

3. 板的绘制

板绘制详见 6.2.1 节"楼板绘制"内容。

在功能区的"修改|创建楼层边界"选项卡的"绘制"选项组中单击"线"按钮，沿 A 轴、⑧轴以及 4 个参照平面依次绘制悬挑板轮廓，在功能区的"修改|创建楼层边界"选项卡的"模式"选项组中单击"完成编辑模式"按钮，完成悬挑板的绘制，如图 6-65 和图 6-66 所示。

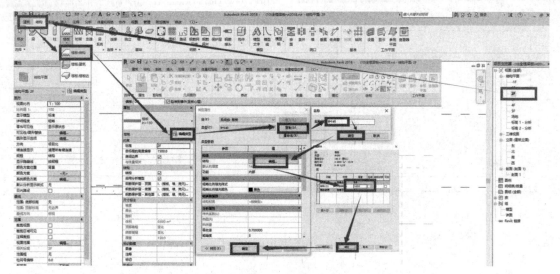

图 6-64　悬挑板的定义

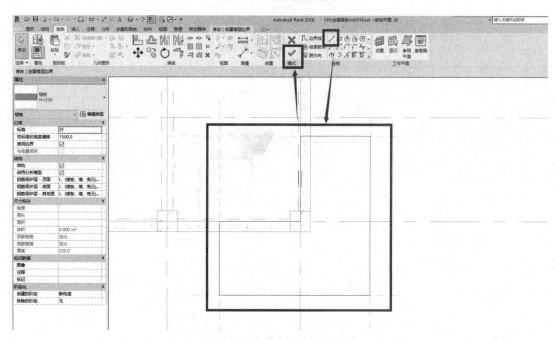

图 6-65　悬挑板模型线

4. 板的镜像

在功能区的"建筑"或"结构"选项卡的"工作平面"选项组中单击"参照平面"按钮，在功能区的"修改|放置参照平面"选项卡的"绘制"选项组中单击"拾取线"按钮，在选项栏中将"偏移"量修改为 3600，拾取④轴线，使参照平面沿④轴线向右偏移3600mm，如图 6-67 所示。

在绘图区域单击"单击以命名"，将新建的参照平面命名为"中轴线"，如图 6-68 所示。

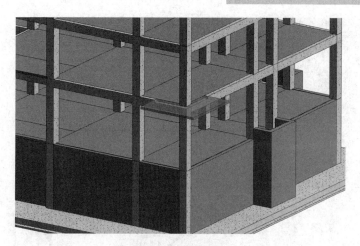

图 6-66　悬挑板

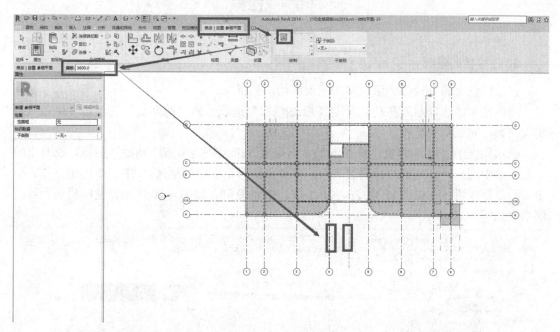

图 6-67　添加参照平面

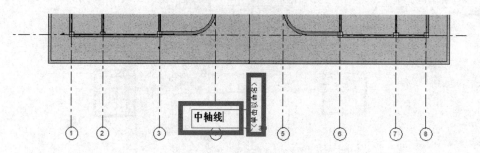

图 6-68　参照平面的命名

　　选中已绘制的悬挑板，在功能区的"修改|楼板"选项卡的"修改"选项组中单击"镜像"按钮，在绘图区单击"中轴线"参照平面，完成悬挑板的镜像操作，如图 6-69 所示。

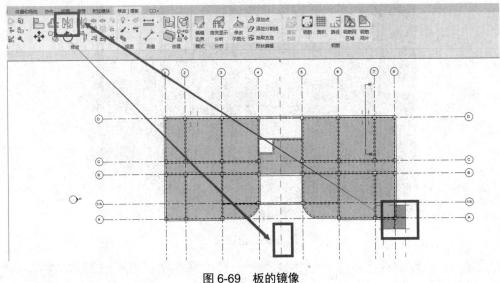

图 6-69　板的镜像

5. 悬挑板的复制

按住键盘上的 Ctrl 键，依次单击左、右两块悬挑板。

完成楼板的选择后，在功能区的"修改|楼板"选项卡的"剪贴板"选项组中单击"复制"按钮，完成复制操作。

在功能区的"修改|楼板"选项卡的"剪贴板"选项组中单击"粘贴"按钮，在弹出的下拉菜单中选择"与选定的标高对齐"，在弹出的对话框中拉框选择 2F、3F、4F、5F，单击"确定"按钮，完成由 1F 向 2F、3F、4F、5F 的复制，如图 6-70 所示，复制后的三维视图效果如图 6-71 所示。

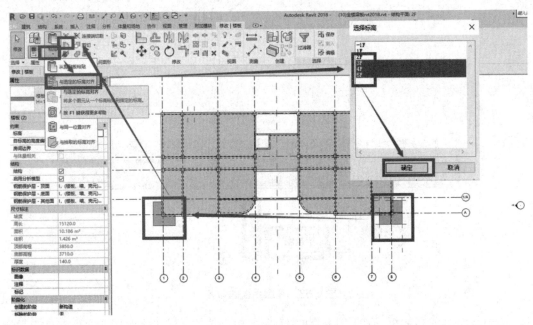

图 6-70　悬挑板的复制

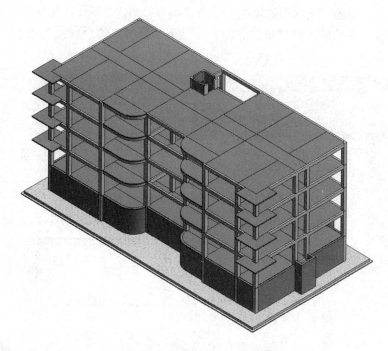

图 6-71　悬挑板的三维视图

6.2.5　屋面板的完善

1. 楼梯间板的封闭

双击"项目浏览器"中的 5F，进入屋面层平面图，如图 6-72 所示。

图 6-72　切换楼层

在功能区的"结构"选项卡的"结构"选项组中单击"楼板"按钮，在弹出的下拉菜单中选择"楼板:结构"，在"类型选择器"中将楼板切换为 H=120，在功能区的"修改|创

建楼层边界"选项卡的"绘制"选项组中单击"矩形"按钮,沿 4/D 轴交点向右下角拉框,绘制楼板矩形框,在功能区的"修改|创建楼层边界"选项卡的"模式"选项组中单击"完成编辑模式"按钮,如图 6-73 所示。

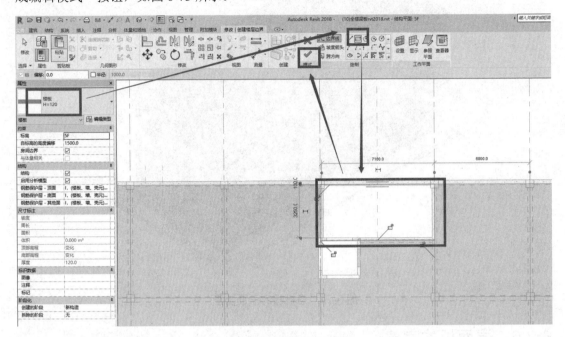

图 6-73　补充楼梯间的楼板

注意:此案例为非上人屋面,屋面层楼梯间为封闭顶板。

2．屋面上人洞

如图 6-74 所示,在电梯间板上有上人洞。

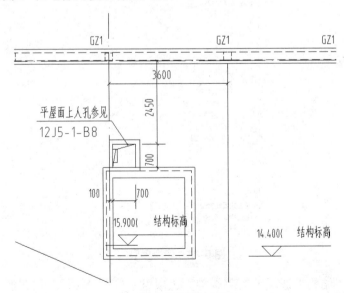

图 6-74　电梯间的顶板

在功能区的"结构"或"建筑"选项卡的"洞口"选项组中单击"按面"按钮，再单击板边，选择要开洞的板，如图 6-75 所示。

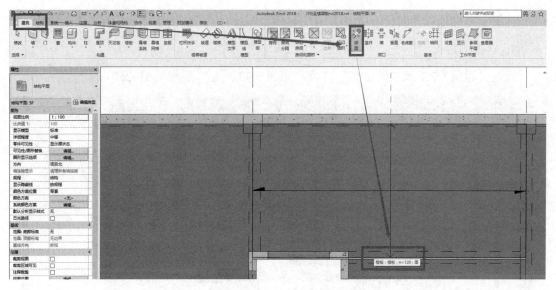

图 6-75 按面画板洞

在功能区的"修改|创建洞口边界"选项卡的"绘制"选项组中单击"矩形"按钮，在绘图区的板上绘制 700mm×700mm 的矩形，在功能区的"修改|创建洞口边界"选项卡的"模式"选项组中单击"完成编辑模式"按钮，完成板洞绘制，如图 6-76 所示。关于上人洞口绘制，这里不再赘述。

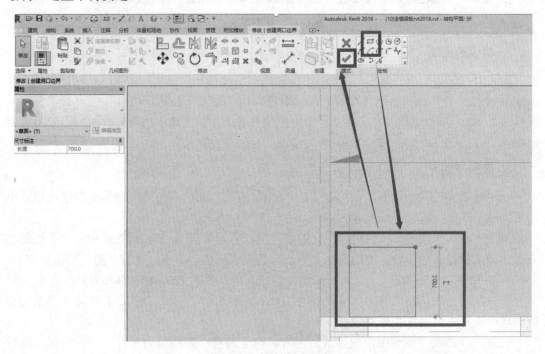

图 6-76 按面创建板洞

6.2.6 斜板的绘制

该图中电梯顶板为斜板。

1. 斜板的定义

板定义详见 6.2.1 节"板定义"内容，如图 6-77 所示，板厚为 H=250。

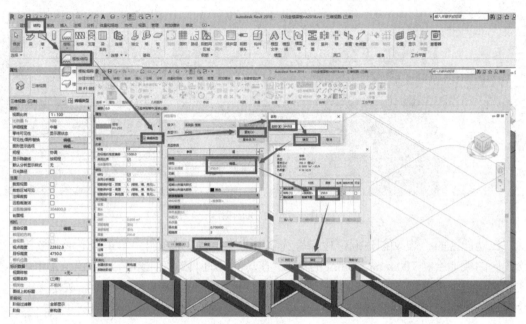

图 6-77　板的定义

2. 斜板的绘制

定义 H=250 后，将"属性"面板的"自标高的高度偏移"修改为 1500，在功能区的"修改|创建楼层边界"选项卡的"绘制"选项组中单击"矩形"按钮，将选项栏中的"偏移"量修改为 100，单击电梯井左上角，再单击电梯井右下角，完成电梯顶板的绘制，如图 6-78 所示。

3. 修改子图元

选中绘制完的楼板边框，在功能区的"修改|楼板"选项卡的"形状编辑"选项组中单击"修改子图元"按钮，如图 6-79 所示。

单击"修改子图元"按钮后，图元轮廓变成绿色，并在 4 个转角处分别有一个绿色小方框，将鼠标指针放置转角处的方框上后，颜色变成棕色，单击，在方框附近出现数字 0，如图 6-80 所示。单击数字 0，进入标高修改状态，输入数字 200，将鼠标指针移动至另一转角处，以同样的方法将"偏移"量修改为 200，如图 6-81 所示。完成后右击并在弹出的快捷菜单中选择"取消"命令完成斜板的修改。

注意：在修改子图元中，偏移量为正时，向上偏移；偏移量为负时，向下偏移，单位为 mm。

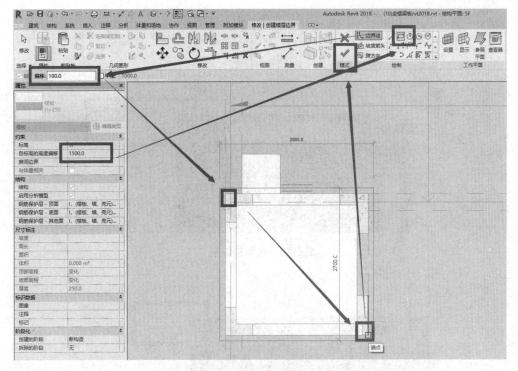

图 6-78 电梯井顶板的绘制

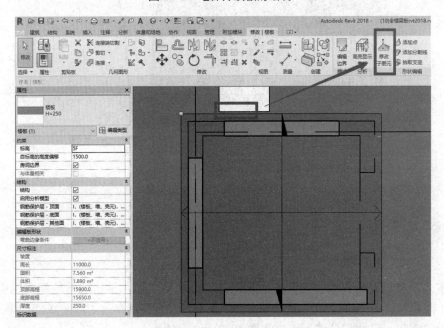

图 6-79 修改子图元

4. 墙附着板底

如果墙体没有附着板底，使板底留有缝隙，可通过修改墙体轮廓(详见第 8 章)或者"附着顶部/底部"实现。

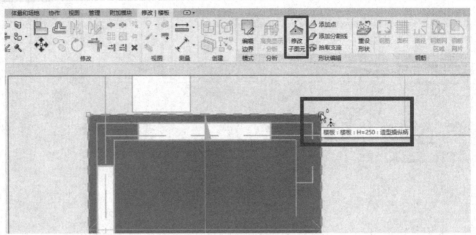

图 6-80　造型操纵柄

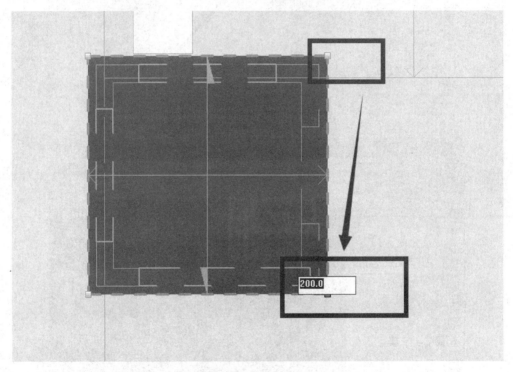

图 6-81　修改斜板标高

　　单击"项目浏览器"中"南"立面视图,切换至南立面,单击墙体轮廓,选中要修改的墙体,在功能区的"修改|墙"选项卡的"修改墙"选项组中单击"附着底部/顶板"按钮,单击斜板轮廓下,完成墙体的附着,如图 6-82 所示。

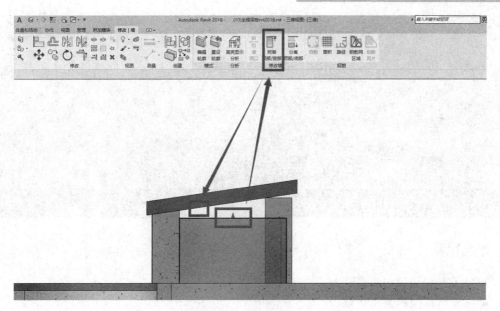

图 6-82 墙体附着顶部

楼板完成后，其三维视图如图 6-83 所示。

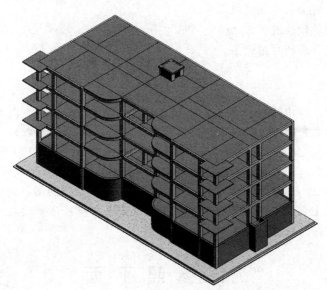

图 6-83 楼板的三维视图

第7章 楼 梯

学习目标：

- ◆ 了解楼梯的组成；
- ◆ 了解成组的应用方法；
- ◆ 熟悉梯柱的绘制方法；
- ◆ 熟悉梯柱的布置方法；
- ◆ 熟悉梯梁的绘制与高度设置方法；
- ◆ 掌握梯段参数的设置方法；
- ◆ 掌握参照平面的应用方法。

本章导读：

楼梯是建筑物中作为楼层间垂直交通用的构件，用于楼层之间和高差较大时的交通联系，是建筑物中最重要的构件之一。楼梯由连续梯级的梯段(又称梯跑)、平台(休息平台)和围护构件等组成。

在 Revit 2018 中，可以通过定义楼梯梯段和绘制踢面线的方式绘制楼梯。

栏杆(栏板)和扶手栏杆(扶手)是设置在楼梯段和平台临空侧的围护构件，应有一定的强度和刚度，并应在上部设置供人手扶的扶手。扶手是设在栏杆顶部供人们上下楼梯倚扶的连续配件，也可以作为独立构件添加在楼层中。

7.1 参照平面

楼梯参照平面(微课)

在功能区的"建筑"或"结构"选项卡的"工作平面"选项组中单击"参照平面"按钮，进入"绘制"界面，在功能区的"修改|放置参照平面"选项卡的"绘制"选项组中单击"线"按钮，在绘图区的空白区域单击参照平面的起点，水平移动鼠标指针，再单击参照平面的终点，单击"单击以命名"，输入"D 轴"，如图 7-1 所示。

在完成第一个参照平面的绘制后，在功能区的"修改|放置参照平面"选项卡的"绘制"选项组中单击"拾取线"按钮，在选项栏中将"偏移"量修改为 800，单击"D 轴"参照平面，在参照平面下方绘制第二个参照平面，并将"偏移"量修改为 1700，单击第二个参照

平面，在第二个参照平面下方绘制第三个参照平面，如图 7-2 所示。

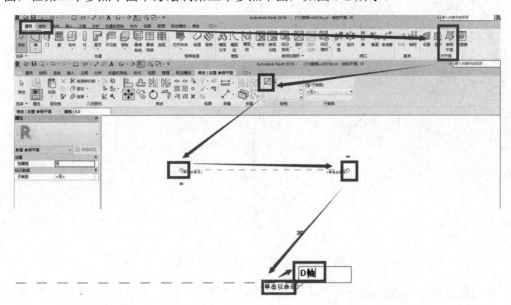

图 7-1　定义第一个参照平面

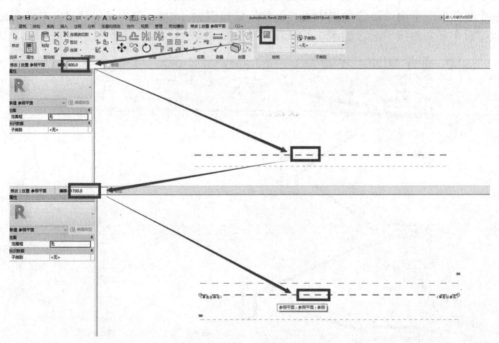

图 7-2　定义第二个参照平面

在功能区的"修改|放置参照平面"选项卡的"绘制"选项组中单击"线"按钮，在绘图区的空白区域单击参照平面的起点，垂直移动鼠标指针，再单击参照平面的终点，绘制与"D 轴"参照平面垂直的一个参照平面，单击"单击以命名"，输入"4 轴"，如图 7-3 所示。

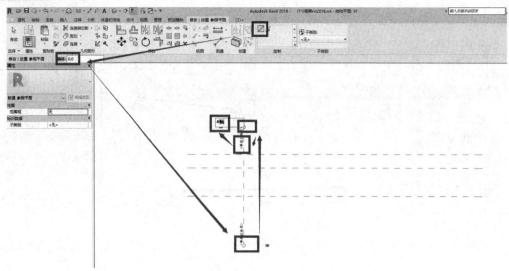

图 7-3　定义第三个竖向参照平面

在功能区的"修改|放置参照平面"选项卡的"绘制"选项组中单击"拾取线"按钮，在选项栏中将"偏移"量修改为 1800，单击第一个竖向参照平面，在右侧生成第二个竖向参照平面，在选项栏中将"偏移"量修改为 3600，单击第二个竖向参照平面，在右侧生成第三个竖向参照平面，在选项栏中将"偏移"量修改为 1800，单击第三个竖向参照平面，生成第四个竖向参照平面，如图 7-4 所示。

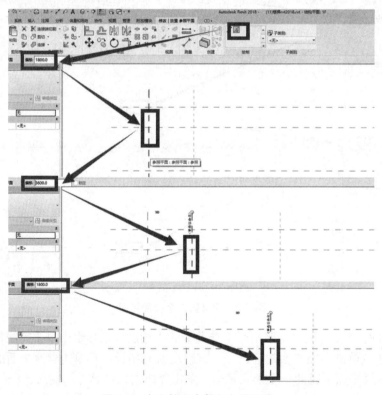

图 7-4　定义第四个竖向参照平面

完成参照平面后，如图7-5所示。

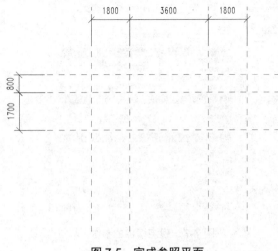

图7-5 完成参照平面

7.2 楼 梯

楼梯(微课)

7.2.1 楼梯定义

1. 楼梯定义

在功能区的"建筑"选项卡的"楼梯坡道"选项组中单击"楼梯"按钮，如图7-6所示。

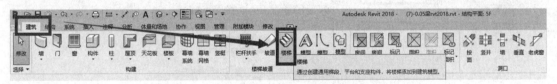

图7-6 "建筑"选项卡"楼梯"按钮

将"属性"选项板中的"类型选择器"中楼梯切换为"现场浇筑楼梯"，单击"编辑类型"按钮，进入"类型属性"界面。单击"复制"按钮，在弹出的对话框中修改"名称"为"整体浇筑楼梯1F"，单击"确定"按钮完成梯段的命名。修改"最大踢面高度"为150、"最小踏板深度"为300、"最小梯段宽度"为1500，如图7-7所示。

单击"梯段类型"的参数，再单击[...]按钮，进入梯段类型的"类型属性"界面，单击"重命名"按钮，将"新名称"修改为"无前缘"，单击"确定"按钮，完成梯段类型的重命名。将"下侧表面"修改为"平滑式"，将"结构深度"修改为"130"，将"楼梯前缘长度"修改为0，单击"确定"按钮完成梯段类型的修改，如图7-8所示。

单击"平台类型"的参数，再单击[...]按钮，在弹出的界面中单击"重命名"按钮，将"新名称"修改为"100mm厚"，单击"确定"按钮，完成平台类型的重命名。将整体厚度修改为100，单击"确定"按钮完成平台类型的修改。单击"确定"按钮完成楼梯参数的修改，如图7-9所示。

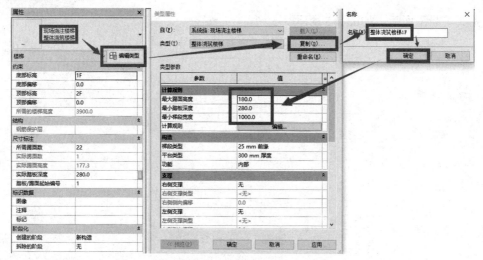

图 7-7　现浇楼梯的参数

注意：最大踢面高度、最小踏板深度、最小梯段宽度 3 个参数只要满足需要即可。

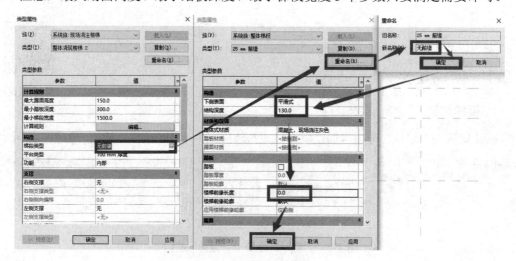

图 7-8　梯段的参数类型

注意：(1) 有无前缘是指楼梯踏步边缘是否有突出部分。

(2) 下侧表面是指楼梯梯段下表面形状，有平滑式和阶梯式两种。平滑式是指梯段下表面是平整的，阶梯式指楼梯下表面是阶梯式。

2. 楼梯绘制

在"属性"选项板中修改所需踢面数为 26，修改实际踏板深度为 300，修改实际梯段宽度为 1500，单击楼梯第一梯段的起点，再单击第一梯段的终点，单击第二梯段的起点，再单击第二梯段的终点，完成梯段的绘制，如图 7-10 所示。

3. 休息平台修改

在绘图区单击休息平台边框，选中休息平台，如图 7-11 所示。

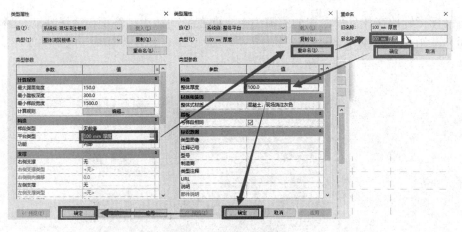

图 7-9 平台类型的参数

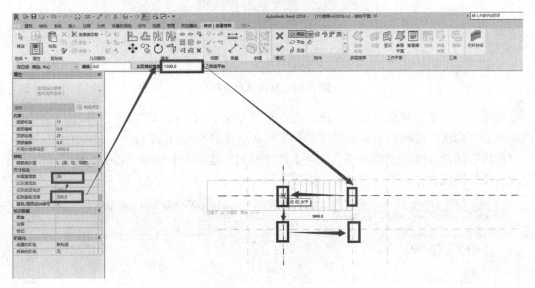

图 7-10 梯段的绘制

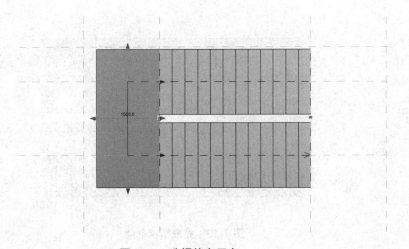

图 7-11 选择休息平台

将鼠标指针放在休息平台左侧的箭头上,向左拖动箭头,将平台边线拖动至最左侧参照平面上,如图 7-12 所示。

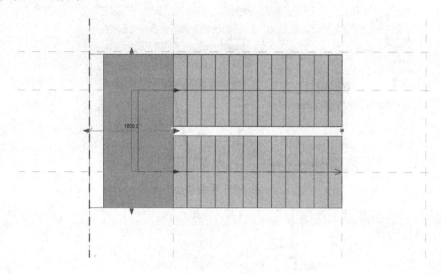

图 7-12　修改休息平台

注意:尝试双击休息平台的轮廓,进入轮廓编辑界面,在功能区的"修改|创建楼梯"选项卡的"修改"选项组中单击"对齐"按钮实现休息平台的修改。

在功能区的"修改|创建楼梯"选项卡的"模式"选项组中单击"完成编辑模式"按钮,完成楼梯的梯段和休息平台的绘制,如图 7-13 所示。

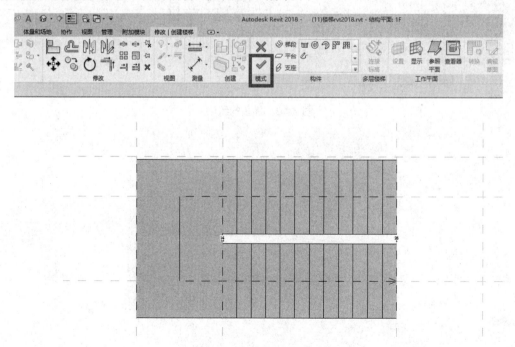

图 7-13　完成楼梯创建

7.2.2 栏杆

1. 删除多余栏杆

在快速访问工具栏中单击"默认三维视图"按钮，进入三维视图界面；单击楼梯外围栏杆，在功能区的"修改|栏杆扶手"选项卡的"修改"选项组中单击"删除"按钮或按 Delete 键，完成多余栏杆的删除，如图 7-14 所示。

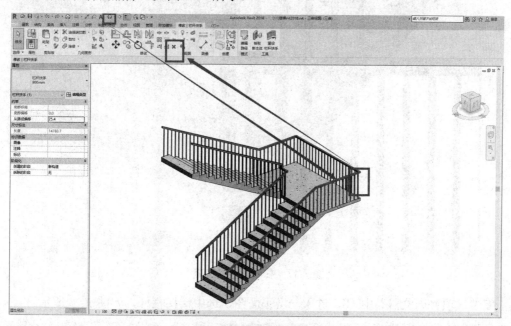

图 7-14 删除多余栏杆

注意：(1)部分计算机在安装 Revit 软件时，默认栏杆状态为不显示，可通过"可见性/图形"的设置取消隐藏，详见 2.4.1 节"可见性设置"内容。

2. 栏杆不连续

在完成楼梯的绘制时，往往会弹出"警告"，内容为"扶栏是不连续的……"，如图 7-15 所示。

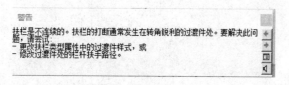

图 7-15 "警告"提示

单击快速访问工具栏中的"三维视图"按钮，通过三维视图可以找到不连续的位置，如图 7-16 所示。

图 7-16 快速访问工具栏

扶栏在第一跑楼梯与休息平台处，没有形成接头，这是报错的原因，如图 7-17 所示。扶栏连续的显示应为休息平台与第二跑处的连接处。其主要原因是在转角处空间过于狭小，转换接头无法放置造成的不连续问题，因此只需适当修改扶栏在休息平台的位置即可。

图 7-17 栏杆不连续位置

双击"项目浏览器"中 1F，进入一层平面图，选中楼梯栏杆，如图 7-18 所示。

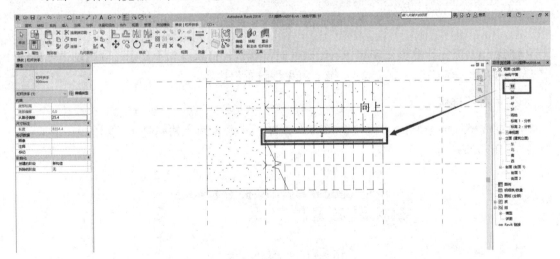

图 7-18 栏杆平面图

双击选中的栏杆，进入栏杆的轮廓编辑界面，如图 7-19 所示。

单击休息平台段栏杆轮廓，按住鼠标左键，向右拖动轮廓，如图 7-20 所示。

在功能区的"修改"选项卡的"模式"选项组中单击"完成编辑模式"按钮，完成对栏杆轮廓的修改，三维视图如图 7-21 所示。

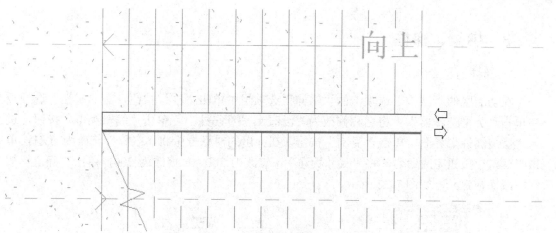

图 7-19 栏杆路径

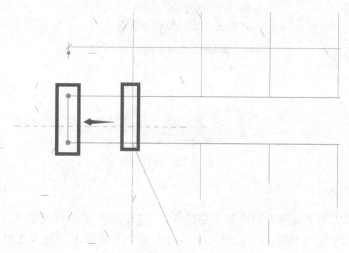

图 7-20 修改栏杆路径

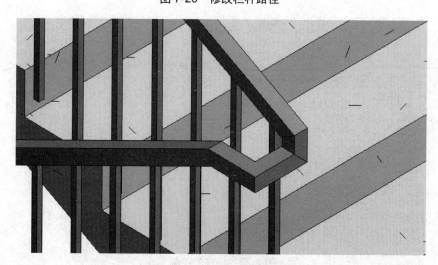

图 7-21 修改后的栏杆

7.2.3 梯梁、梯柱

1. 梯柱的定义

在功能区的"结构"选项卡的"结构"选项组中单击"柱"按钮，在"属性"选项板中单击"类型选择器"，将名称修改为"混凝土-矩形-柱"，单击"编辑类型"按钮，进入"类型属性"界面，单击"复制"按钮，在弹出的对话框中将"名称"修改为 TZ1，单击"确定"按钮完成命名，将"尺寸标注"b 修改为 300、h 修改为 200，单击"确定"按钮完成梯柱定义，如图 7-22 所示。

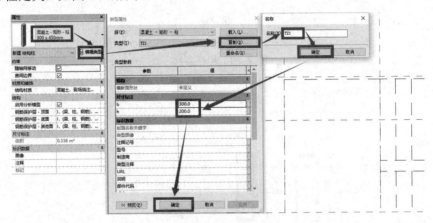

图 7-22 梯柱的定义

2. 梯柱的绘制

将选项栏中的"深度"修改为"高度"、"未连接"的高度修改为 1950，在绘图区水平第一个水平参照平面和竖向左数第二个参照平面交点处单击，完成 TZ1 的布置，如图 7-23 所示。

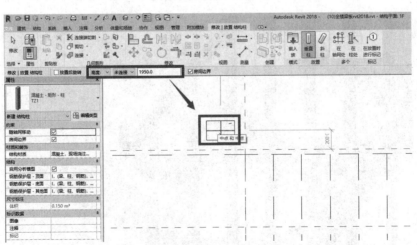

图 7-23 梯柱的绘制

注意：1950mm 为首层层高 3900mm 的一半。一般情况下，梯柱只有层高的一半。

在功能区的"修改"选项卡的"修改"选项组中单击"对齐"按钮，再依次单击竖向第二个参照平面、梯柱右边线、楼梯边线、梯柱下边线，完成梯柱的定位，如图 7-24 所示。梯柱的三维视图如图 7-25 所示。

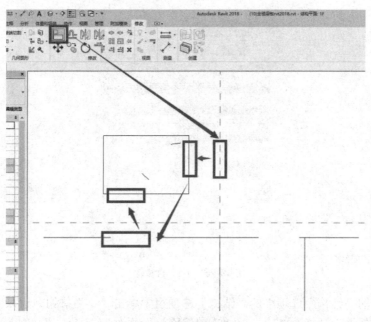

图 7-24　梯柱的定位

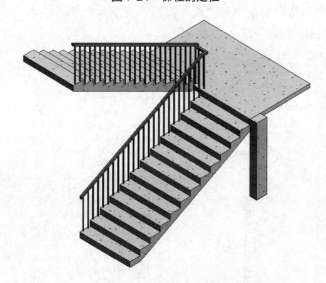

图 7-25　梯柱的三维视图

3. 梯梁

梯梁定义同混凝土框架梁，方法详见 6.1.1 节的"框架梁"内容。

在功能区的"结构"选项卡的"结构"选项组中单击"梁"按钮，在"属性"选项板中单击"类型选择器"，选中"混凝土-矩形梁"下的构件，单击"编辑类型"按钮，进入"类型属性"界面。

单击"复制"按钮，在弹出的对话框中输入新的名称"TL1"，单击"确定"按钮完成混凝土矩形梁的复制，将"尺寸标注"b 修改为 200、h 修改为 400，单击"确定"按钮完成 TL1 的定义。依此完成 TL2 的定义，参数如图 7-26 所示。

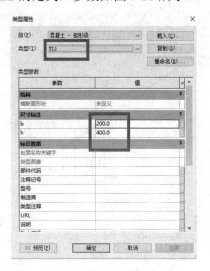

图 7-26　TL1 的参数

在功能区的"结构"选项卡的"结构"选项组中单击"梁"按钮，进入梁的绘制界面，单击"类型选择器"切换至 TL1，将"Z 轴偏移值"修改为 1950，在功能区的"修改|放置梁"选项卡的"绘制"选项组中单击"线"按钮，分别单击 TL1 的起点和 TL1 的终点，完成第一根 TL1 的绘制，如图 7-27 所示。

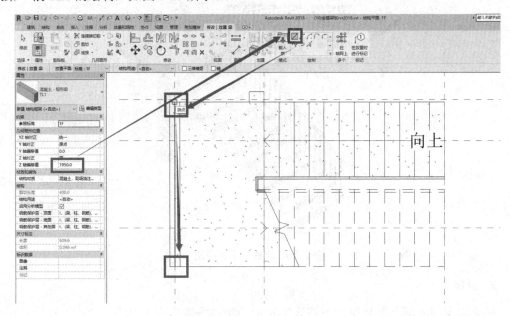

图 7-27　第一根 TL1 的绘制

注意：软件中默认显示内容有一定的高度范围，超出显示范围的图元是无法显示的，可在当前视图的"属性"选项板中调整视图范围是图元显示，详见 7.5.1 节，如图 7-46 所示。

依此，完成第二根 TL1 的绘制，将"Z 轴偏移值"修改为 0，绘制第二根 TL1，如图 7-28 所示。当梁边难以对齐梯段边时，可以在功能区的"修改"选项卡的"修改"选项组中单击"对齐"按钮进行定位。

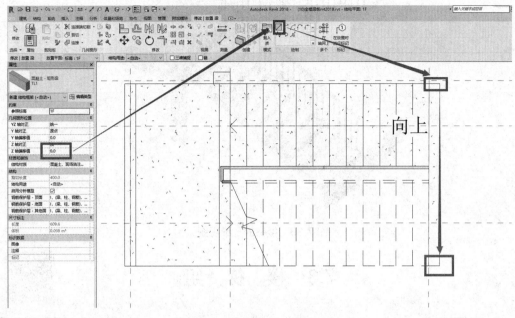

图 7-28　第二根 TL1 的绘制

TL2 的绘制同 TL1，在功能区的"结构"选项卡的"结构"选项组中单击"梁"按钮进入梁的绘制界面，在"属性"选项板中单击"类型选择器"，将梁切换为 TL2，将"Z 轴偏移值"修改为 1950，在功能区的"修改|放置梁"选项卡的"绘制"选项组中单击"线"按钮，再分别在绘图区中单击 TL2 的起点和终点，完成第一根 TL2 的绘制，如图 7-29 所示。

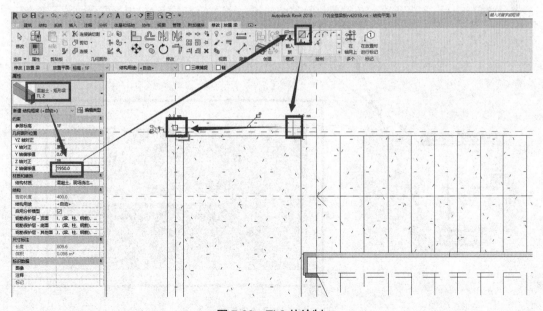

图 7-29　TL2 的绘制

完成后的楼梯的三维视图如图 7-30 所示。

图 7-30　楼梯的三维视图

7.3　楼　梯　组

楼梯成组(微课)

1. 创建组

拉框选择楼梯，在功能区的"修改|选择多个"选项卡的"选择"选项组中单击"过滤器"按钮，在弹出的界面取消选中"参照平面"，单击"确定"按钮完成选择，在功能区的"修改|选择多个"选项卡的"创建"选项组中单击"创建组"按钮，如图 7-31 所示，在弹出的对话框中，将"模型组"名称修改为"1F 楼梯"，如图 7-32 所示。

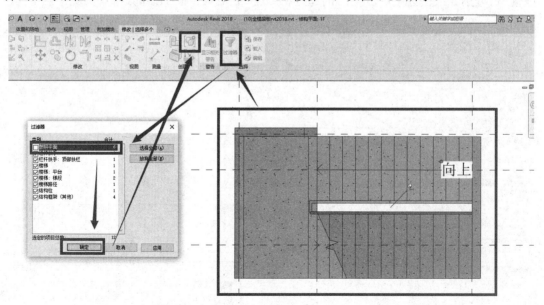

图 7-31　选择楼梯构件

注意：参照平面是三维模型中的二维参照平面，是可以跨越楼层显示的，因此在成组时，不能将参照平面包含在组内；否则创建的组不能跨楼层复制。

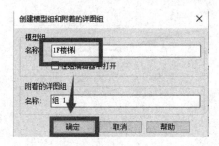

图 7-32　创建组

2. 组复制与移动

单击楼梯组的轮廓选中楼梯组，在功能区的"修改|模型组"选项卡的"剪贴板"选项组中单击"复制"按钮，再单击旁边的"粘贴"按钮，在弹出的下拉菜单中选择"与选定的标高对齐"，在弹出的对话框中选择-1F选项，单击"确定"按钮，完成组的向下复制，如图 7-33 所示。

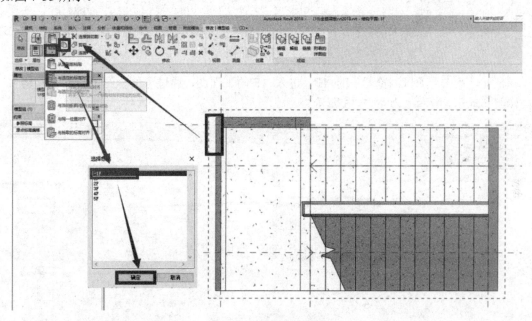

图 7-33　楼梯组的复制

注意：向其他楼层复制组或者其他图元时，不能选中参照平面；否则无法复制。

3. 楼梯组移动

单击楼梯组的轮廓选中楼梯组，在功能区的"修改|模型组"选项卡的"修改"选项组中单击"移动"按钮，在绘图区单击楼梯参照平面中"D 轴"参照平面与"④轴"参照平面的交点，捕捉移动的定位点，单击模型中 D 轴线与④轴线的交点，完成楼梯组的移动，如图 7-34 所示。

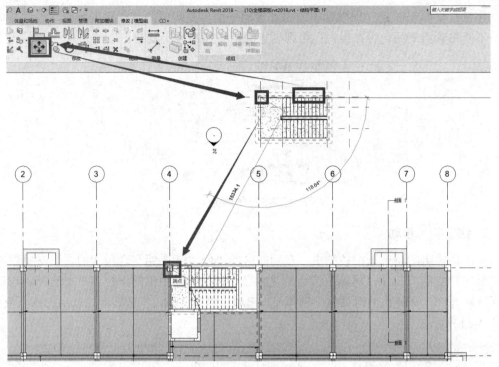

图 7-34　楼梯组的移动

依此，双击"项目浏览器"的-1F，进入-1F 的平面图，通过上面介绍的移动功能将-1F 楼梯组移动至楼梯间，如图 7-35 所示。

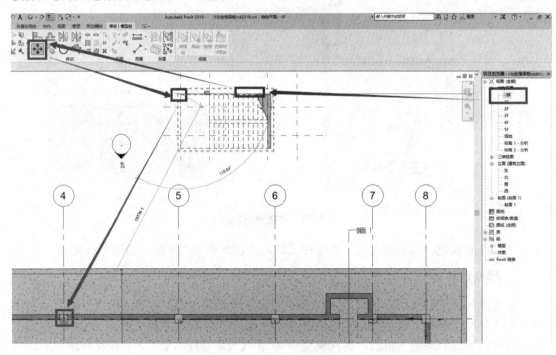

图 7-35　-1F 楼梯组的移动

注意：此处会弹出"警告-可以忽略"对话框，提示"一个图元完全位于另一个图元之中"，共 3 处，如图 7-36 所示。通过"楼梯一层平面详图"可见，TZ1 和 TL2 在-2m 处存在，如图 7-37 所示，而该位置有 300mm 厚混凝土挡土墙。还有一处是-3.95m 处 TL1 完全位于止水板之中，这将在 7.4 节楼梯其他构件中讲解，此处直接单击"确定"按钮，忽略该警告。

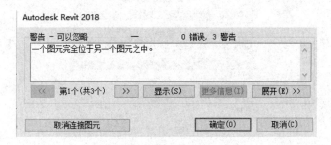

图 7-36　楼梯错误的警告

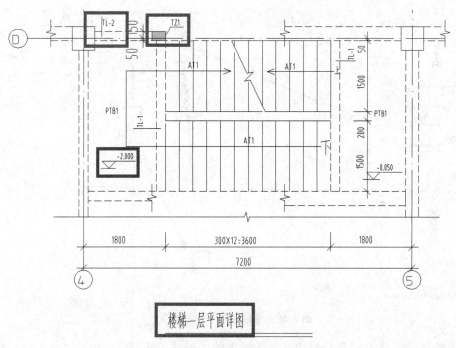

图 7-37　楼梯平面图

7.4　楼梯其他构件

7.4.1　楼层休息平台

在楼梯中，楼层休息平台属于楼板，因此此处用创建楼板的方法创建楼梯的楼层休息平台，楼板定义与绘制方法见 6.2.1 节"楼板绘制"，具体参数及操作如图 7-38 所示，绘制如图 7-39 所示。

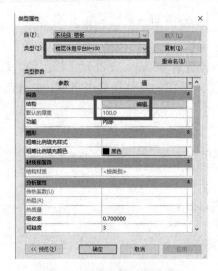

图 7-38　楼层休息平台的参数

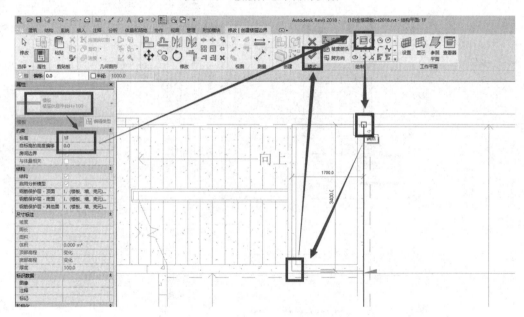

图 7-39　楼层休息平台的绘制

在功能区的"修改|创建楼层边界"选项卡的"模式"选项组中单击"完成编辑模式"按钮后,弹出"是否希望将高达此楼层标高的墙附着到此楼层的底部?"对话框,单击"否"按钮,如图 7-40 所示。

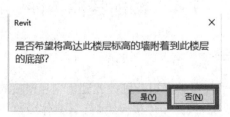

图 7-40　墙附着的提示

7.4.2　楼梯基础

楼梯在-1F底部与止水板相交处有 JQL 300×500，如图 7-41 所示，而楼梯的组中此处为TL1，需要进行修改。

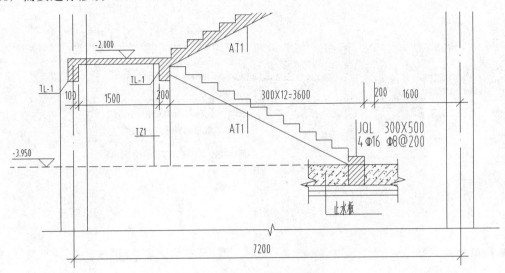

图 7-41　底层楼梯构造图

单击楼梯组的轮廓线，选中组，在功能区的"修改|模型组"选项卡的"成组"选项组中单击"解组"按钮，将组分解，如图 7-42 所示。

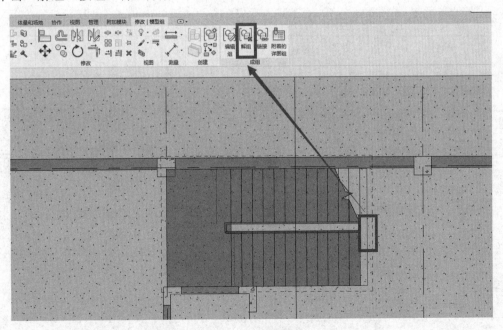

图 7-42　将楼梯组解组

单击该处TL1，单击"属性"选项板中的"编辑类型"按钮，进入"类型属性"界面，

单击"复制"按钮,在弹出对话框中,将"名称"改为"JQL",单击"确定"按钮完成命名。将"尺寸标注"b 修改为 300、h 修改为 500,单击"确定"按钮,完成构件的转换,如图 7-43 所示。

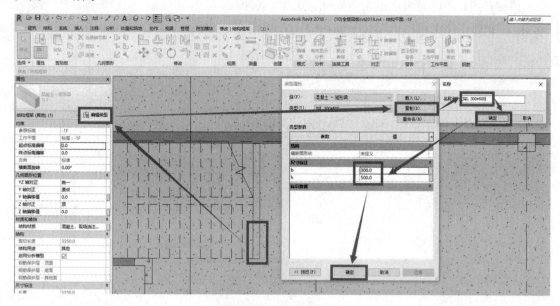

图 7-43　楼梯基础梁

在功能区的"修改"选项卡的"修改"选项组中单击"对齐"按钮,单击梯段边线,再单击 JQL 的左边线,完成水平位置的定位,如图 7-44 所示。

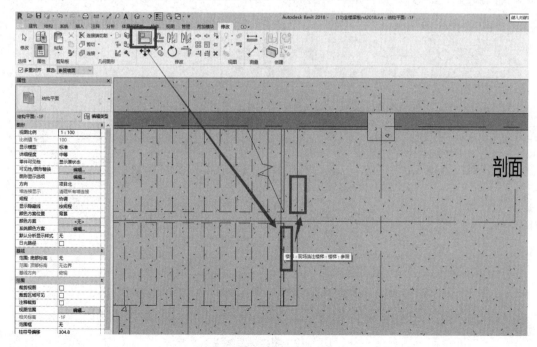

图 7-44　楼梯基础定位

7.5　常见问题

7.5.1　梯梁不可见

问题：在绘制 TL1 和 TL2 时，经常遇到的问题是绘制的 TL 在平面图中不可见。

原因 1：剖切位置低于梯梁高度不可见。梯梁高度为 Z 轴向上偏移量为半层楼高（1950mm），而默认视图范围的剖切面为 300mm。

处理方法：在平面图中单击"属性"选项板的"视图"范围的"编辑"按钮，在弹出的"视图范围"对话框中，将主要范围的"顶部"和"剖切面"修改为 2000 即可，如图 7-45 所示。

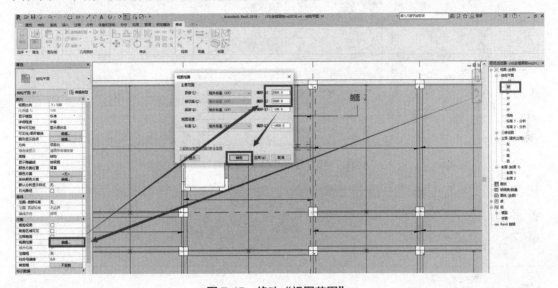

图 7-45　修改"视图范围"

注意："顶部"的"偏移"量要大于"剖切面"的"偏移"量，具体偏移量只要大于 1950mm 即可。

原因 2：可见性/图形设置为"否"。为方便绘图，在建模过程中可能会关闭某些构件的显示，当结构框架设置为不可见时，梯梁也不可见。

处理方法：在功能区的"视图"选项卡的"图形"选项组中单击"可见性/图形"按钮，在弹出的对话框中，单击"模型类别"选项卡，选中"结构框架"，单击"确定"按钮，完成可见性调整，如图 7-46 所示。

7.5.2　扶手不可见

问题：系统自带楼梯族中已经融合了梯段、休息平台、栏杆扶手，绘制完楼梯后在 3D 视图中看不到栏杆扶手。

原因 1：未完成楼梯的创建。梯段绘制完成前最后一步为单击"完成编辑模型"按钮，遗漏该步骤，不但扶手不可见，其他操作也无法进行。

处理方法：单击"修改"选项卡下的"完成编辑模式"按钮即可，如图 7-47 所示。

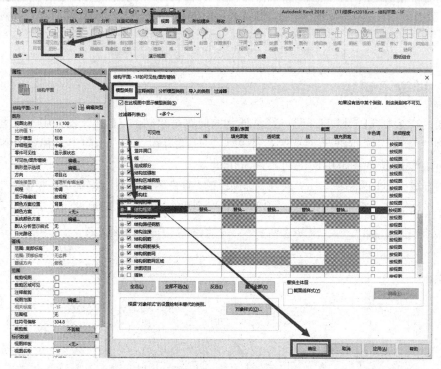

图 7-46　修改构件的可见性

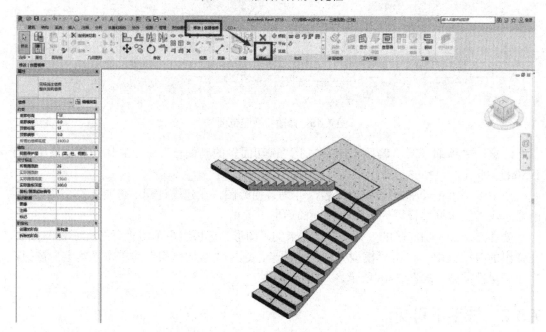

图 7-47　完成楼梯的编辑模式

原因 2：可见性/图形设置为"否"。很多时候，软件默认栏杆扶手的可见性为否。

处理方法：在功能区的"视图"选项卡的"图形"选项组中单击"可见性/图形"按钮，在弹出的对话框中单击"模型类别"选项卡，选中"栏杆扶手"，单击"确定"按钮，完成可见性调整，如图 7-48 所示。

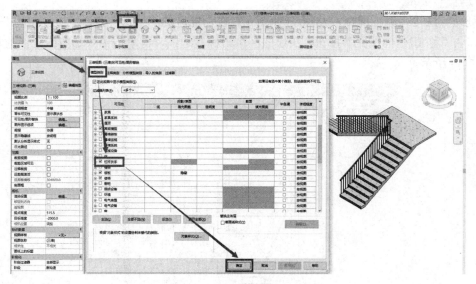

图 7-48　修改构件的可见性

注意："可见性/图形"的约束范围仅为当前视图,当切换楼层或立面后,需要重新设置可见性。例如,在三维视图中设置为可见,当切换至 1F 平面图时,需要重新设置。

7.5.3　梁长难以捕捉问题

问题:在绘制梯梁时,经常在捕捉梁的起点和终点时出现偏差。

原因:缺少捕捉点。在没有捕捉点时,难以精确绘制其长度。

处理方法 1:增加默认捕捉点,在功能区的"管理"选项卡的"设置"选项组中单击"捕捉"按钮,在弹出的"捕捉"对话框中将"对象捕捉"选项组中的选项全部选中,增加捕捉点种类,单击"确定"按钮完成捕捉点设置,如图 7-49 所示。

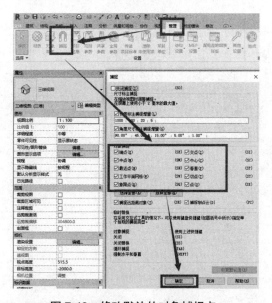

图 7-49　修改默认的对象捕捉点

处理方法 2：就近捕捉，修剪/延伸图元。在功能区的"修改"选项卡的"修改"选项组中单击"修剪/延伸图元"按钮，在绘图区单击梯段边线，再单击需要修剪或延伸的构件，如图 7-50 所示。

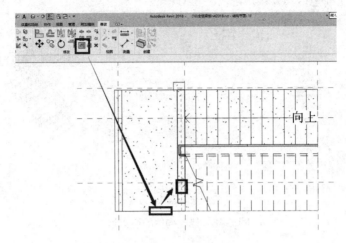

图 7-50　修剪/延伸图元

第8章 建 筑 墙

学习目标：

◆ 了解剪切几何图形；
◆ 熟悉叠层墙的设置与应用；
◆ 熟悉幕墙的使用方法；
◆ 掌握基本墙的绘制和特殊基本墙的使用方法；
◆ 掌握斜墙轮廓的使用方法。

本章导读：

在 Revit 建筑信息模型的创建中，墙体设计十分重要，墙体不仅是建筑空间的分隔主体，同时也是门窗、墙饰条、墙的分割线、卫浴、灯具等构件的承载主体。所以在绘制墙体时，需要综合考虑墙体的厚度、构造做法、材质和功能类型等。

在 Revit 2018 中墙体属于系统族类型，提供了 3 种类型的墙族，即基本墙、叠层墙和幕墙。所有 Revit 建筑信息模型中的墙体类型都是通过这 3 种系统墙族的不同参数和样式设定来建立的。其中，幕墙是墙体的一种特殊类型，因为幕墙嵌板具有可以自由定义的特性，同时幕墙嵌板的样式同幕墙网格的划分之间有着自动维持边界约束的特点，这些特性使幕墙具有非常好的应用拓展功能。

8.1 基 本 墙

8.1.1 直形墙

基本墙(微课)

"基本墙"族中的所有墙类型都具有名为"结构用途"的实例属性，该属性指定墙为非承重墙，还是 3 种结构墙(承重墙、剪力墙或复合结构墙)之一。

在使用"墙"工具时，Revit 假设放置的是隔墙，无论选择哪种墙类型，默认的"结构用途"值都是"非承重"。如果使用"结构墙"工具，并选择同一种墙类型，则默认的"结构用途"值为"承重"。在任一情况下，该值均为只读，但是可以在放置墙后修改该值。

1. 墙的定义

在功能区的"建筑"选项卡的"构建"选项组中单击"墙"按钮，在弹出的下拉菜单

中选择"墙:建筑",进入建筑墙属性编辑界面,如图 8-1 所示。

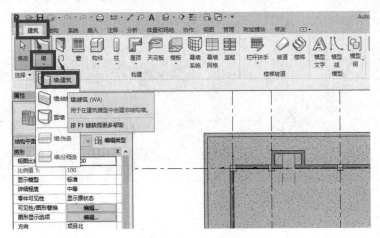

图 8-1　建筑墙

单击"属性"选项板的"类型选择器",选择"基本墙 | 内部-砌块墙"构件,单击"编辑属性"按钮,进入"类型属性"界面,单击"复制"按钮,在弹出的对话框中将"名称"修改为"内部-陶粒空心砌块-200",单击"确定"按钮,完成构件复制。单击"类型"参数后面的"编辑"按钮,进入"编辑部件"编辑器,如图 8-2 所示。

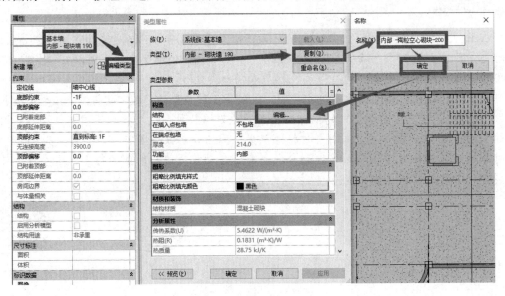

图 8-2　内墙的定义

在"编辑部件"界面中单击"面层 2"行,再单击下方"删除"按钮,删除"面层 2",单击另一个"面层 2",再次单击下方"删除"按钮,完成内部边与外部边面层的删除工作,并将"结构"层的厚度修改为 200,如图 8-3 所示。

注意:在 Revit 中,墙体饰面层的绘制方法很多,可以采用协同分离,附着在基本墙上,也可以通过外部插件处理,这里不做过多讲解。

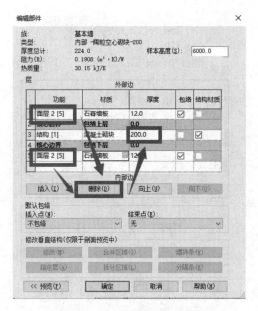

图 8-3 基本墙的厚度设置

单击"结构"行的"材质"列，单击弹出的"更多"按钮，在弹出的"材质浏览器"中选择"砖，普通"选项，单击"确定"按钮完成材质设置，单击"确定"按钮，完成"编辑构件"的参数设置，如图 8-4 所示。单击"类型属性"界面中的"确定"按钮，完成"建筑墙"的定义。

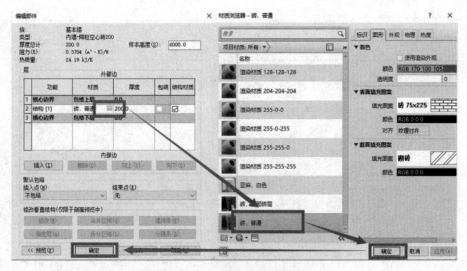

图 8-4 基本墙的材质设置

2. 基本墙绘制

绘制-1F 层的内墙，如图 8-5 所示。

在完成"内墙"的定义后，在功能区的"修改|放置墙"选项卡的"绘制"选项组中单击"线"按钮，将选项栏中的"深度"修改为"高度"、"未连接"修改为 1F，分别单击第一段墙体的起点和终点，如图 8-6 所示。

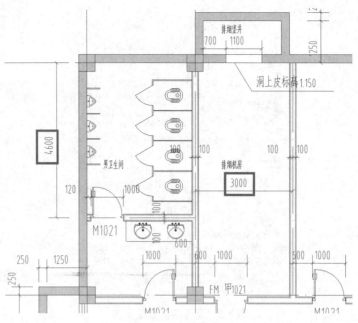

图 8-5　建筑墙的绘制

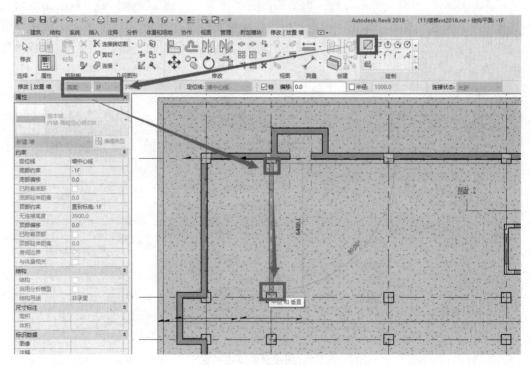

图 8-6　基本墙的绘制

　　在完成第一段墙体绘制后,右击并在弹出的快捷菜单中选择"取消"命令退出第一段墙体绘制,如图 8-7 所示。

　　继续绘制墙体,分别单击第二段墙体的起点和终点,再右击并在弹出的快捷菜单中选择"取消"命令完成第二段墙体的绘制。

图 8-7　退出墙体绘制

分别单击第三段墙体的起点和终点，再右击并在弹出的快捷菜单中选择"取消"命令完成第三段墙体绘制，如图 8-8 所示。

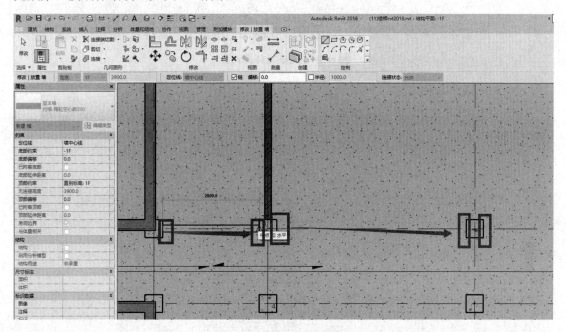

图 8-8　继续绘制基本墙

依此，完成其他墙体绘制。

在 C 轴上砌体墙边线与柱边线重合，如图 8-9 所示，通过对齐功能实现。

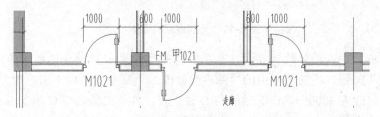

图 8-9　墙体的对齐

在功能区的"修改"选项卡的"修改"选项组中单击"对齐"按钮，在绘图区单击柱

边线、砌体墙边线、柱边线、第二段墙体边线，同理完成所有墙体的对齐工作，如图 8-10 所示。

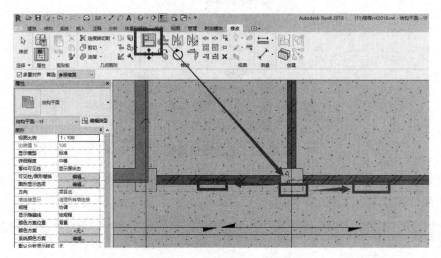

图 8-10　完成墙体的对齐

3. 无捕捉点墙体绘制

距 D 轴下方 4600mm 处墙体无捕捉点，如图 8-11 所示，②轴线右侧 3000mm 处的墙体也无捕捉点。

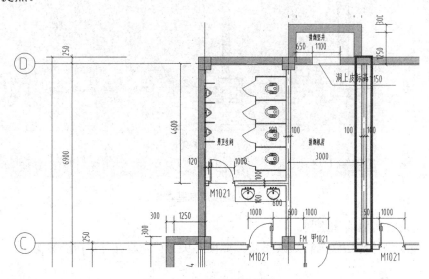

图 8-11　无捕捉点的墙体

同墙体绘制，进入墙体绘制界面，在功能区的"修改|放置墙"选项卡的"绘制"选项组中单击"线"按钮，将选项栏中的"深度"修改为"高度"，将"未连接"修改为 1F，将"偏移"量修改为 3300，单击②轴线与 D 轴交点，再单击②轴与 C 轴交点，右击并在弹出的快捷菜单中选择"取消"命令完成右侧偏移 3300mm 墙体绘制，如交点难以捕捉，也可以捕捉柱与墙体交点处作为起点和终点，如图 8-12 所示。

注意：在连续绘制墙体时，深度、未连接等参数的修改，只需要一次即可。

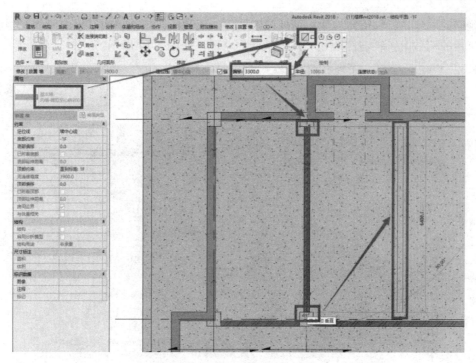

图 8-12　通过偏移绘制基本墙

依此，在选项栏中将"偏移"量修改为 4600，单击②轴与 D 轴交点，再单击①轴与 D 轴交点，完成沿 D 轴向下偏移 4600mm 的墙体绘制，如图 8-13 所示。

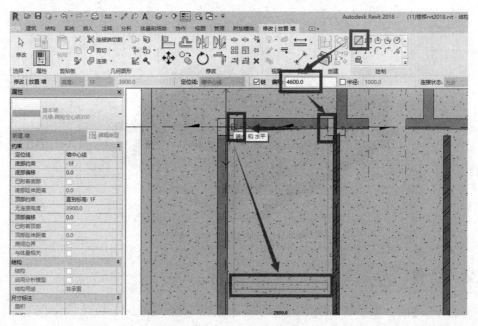

图 8-13　绘制基本墙

如果捕捉点在柱与墙的交点处，导致内墙与外墙未相交。在功能区的"修改"选项卡的"修改"选项组中单击"修剪/延伸单个图元"按钮，在绘图区中依次单击外墙内边线、

需要延伸的墙体、C 轴墙体边线、需要延伸墙体。依此，再依次单击②轴线墙体左侧边线、需要延伸的墙体、①轴右侧边线、需要延伸的墙体，如图 8-14 所示。

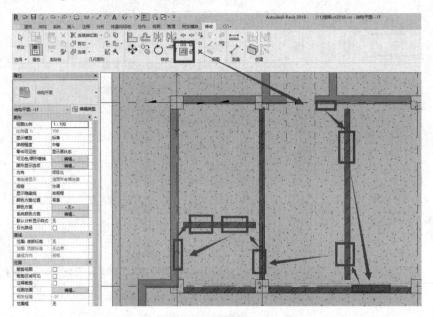

图 8-14　延伸墙体

完成后的基本墙如图 8-15 所示。

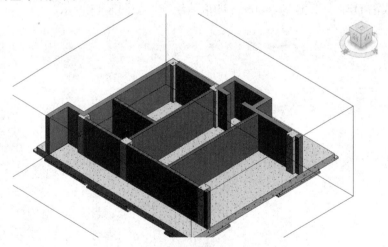

图 8-15　墙体的三维视图

8.1.2　斜墙

在防烟楼梯间、坡屋面、地下室坡道等位置会出现上边线或下边线非水平的墙体，在创建该类墙体时，可采用先绘制普通墙体，再修改墙轮廓的方式处理。

1. 剖面图创建

在功能区的"视图"选项卡的"创建"选项组中单击"剖面"按钮，进入剖面图定义界面。在图 8-6 所示位置，单击剖面图起点，水平向右移动鼠标指针，再单击剖面图终点，完成剖面视图创建，如图 8-16 所示，在"项目浏览器"中生成"剖面丨剖面 1"。剖面图的生成详见 2.4.5 节"剖面视图"内容。

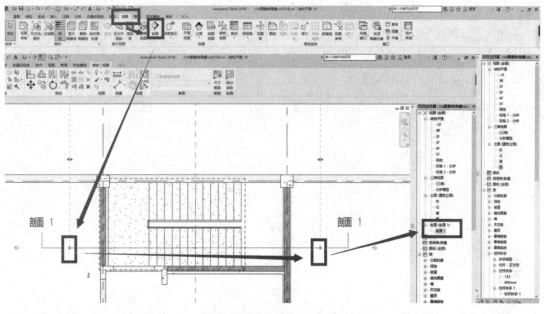

图 8-16　创建剖面图

2. 修改斜墙

双击"项目浏览器"中"剖面 1"，进入剖面 1 视图，单击需要修改为斜墙的墙体的轮廓选中墙体，如图 8-17 所示。

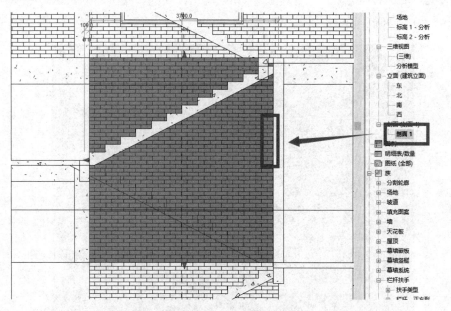

图 8-17　进入剖面视图

在选中需要修改的墙体后，双击墙体轮廓，进入墙体的"编辑轮廓"界面，在功能区的"修改|编辑轮廓"选项卡的"修改"选项组中单击"对齐"按钮，在绘图区依次单击楼梯板下边线、墙体上边线，在功能区的"修改|编辑轮廓"选项卡的"模式"选项组中单击"完成编辑模式"按钮，完成轮廓编辑，如图 8-18 所示。

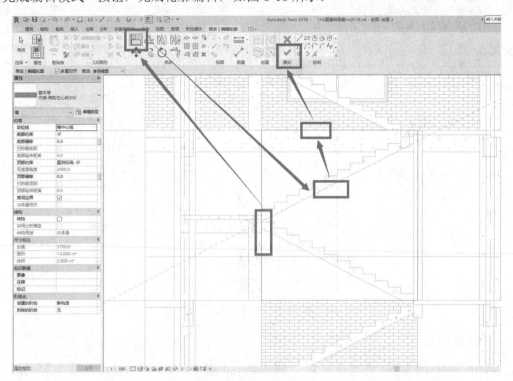

图 8-18　编辑墙体轮廓

斜墙的三维视图如图 8-19 所示。

图 8-19　斜墙的三维视图

8.1.3　复合墙

1. 复合墙的定义

墙可以包含多个垂直层或区域，如图 8-20 所示。

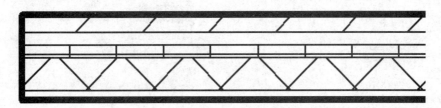

图 8-20　复合墙示意图

在功能区的"建筑"选项卡的"构建"选项组中单击"墙"按钮，在弹出的下拉菜单中选择"墙:建筑"命令，进入建筑墙属性编辑界面。

单击"属性"面板的"类型选择器"，选择"基本墙 | 内部-砌块墙"构件，单击"编辑属性"按钮，进入"类型属性"界面，单击"复制"按钮，在弹出的对话框中将"名称"修改为"外墙-陶粒空心砖 250+保温 50"，单击"确定"按钮完成构件复制，如图 8-21 所示。单击"结构"后面的"编辑"按钮，进入"编辑部件"界面。

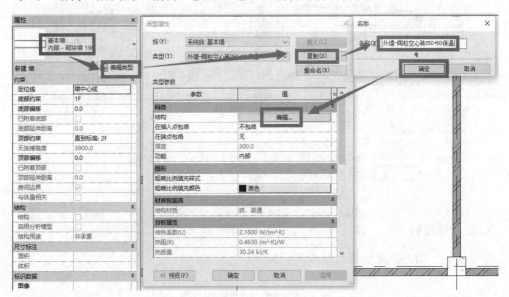

图 8-21　定义复合墙

在"编辑部件"界面，选择内部边"面层 2"，单击"删除"按钮，单击外部边"面层 2"，打开下拉菜单，选择"保温层/空气层"命令，如图 8-22 和图 8-23 所示。

单击"保温层/空气层"的材质列的"更多"按钮，进入"材质浏览器"对话框，将材质修改为"保温材料"，单击"确定"按钮，完成材质的定义，修改"保温层"的厚度为"50"，单击"确定"按钮，完成叠合墙的定义，如图 8-24 所示。

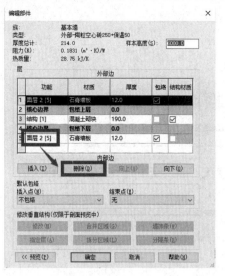
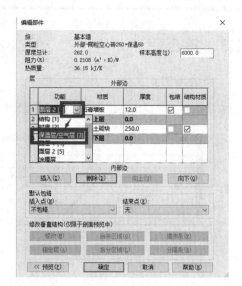

图 8-22　删除面层　　　　　　　　　　　图 8-23　修改面层

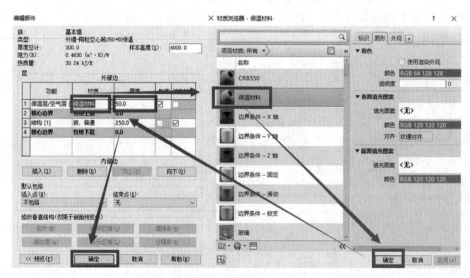

图 8-24　定义墙体材质

2. 复合墙绘制

复合墙的绘制方法及步骤与基本墙相同。

8.2　叠　层　墙

Revit 中有用于为墙建模的"叠层墙"系统族，这些墙包含一面接一面叠放在一起的两面或多面子墙。

叠层墙是 Revit 中一种特殊的墙体类型，它是在纵向由若干个不同厚度、材质和构造类型的子墙相互堆叠而组成的墙体。

首层转角窗处，下半段为砌体墙，中间为玻璃，上半段为混凝土向下翻边，形成三段式墙体。

在这里利用叠层墙将下半段与上半段分别用砌体墙和混凝土合为一体，中间利用幕墙镶嵌在叠层墙中形成转角窗，如图 8-25 所示。

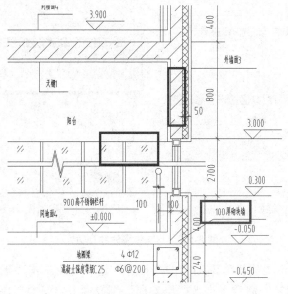

图 8-25　转角窗

1. 叠层墙的定义

在功能区的"建筑"选项卡的"构建"选项组中单击"墙"按钮，在弹出的下拉菜单中选择"墙:建筑"命令，进入"类型属性"界面。通过定义基本墙的形式定义转角窗下半段"转角窗底部"墙，参数如图 8-26 所示，以及上半段墙体"转角窗顶部"，参数如图 8-27 所示。

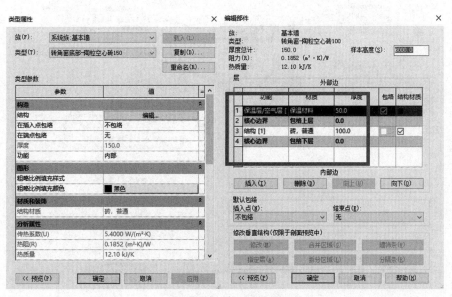

图 8-26　底部墙体参数

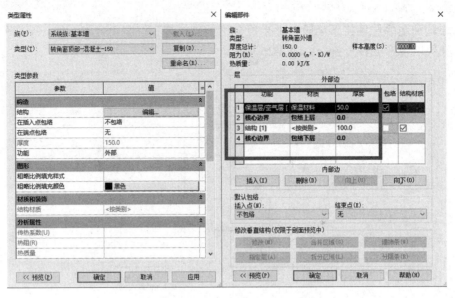

图 8-27　上半段墙体的参数

依此，在功能区的"建筑"选项卡的"构建"选项组中单击"墙"按钮，在弹出的下拉菜单中选择"墙:建筑"命令，进入"类型属性"界面。定义叠层墙，在"类型属性"界面中将"族"切换为"系统族：叠层墙"，单击"复制"按钮，修改"名称"为"转角窗叠层墙"，单击"确定"按钮完成命名，单击"类型参数"中的"编辑"，进入"编辑部件"对话框，将"类型"的名称修改为之前定义的"转角窗底部"和"转角窗顶部"，并将底部的高度修改为 350，顶部的高度修改为"可变"，单击"确定"按钮完成部件的编辑，单击"确定"完成叠层墙的定义，如图 8-28 所示。

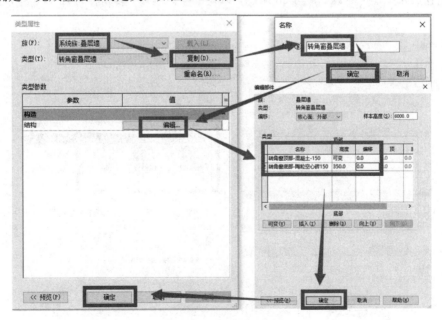

图 8-28　编辑叠层墙

2. 绘制叠层墙

定义完叠层墙后，进入叠层墙绘制界面，将"属性"面板的"底部约束"修改为 1F，"底部偏移"量修改为 0，"顶部约束"修改为"直到标高：2F"，"顶部偏移"修改为 0，将选项栏"偏移"修改为-25，单击"线"绘制，依次单击转角窗每段墙体的起点与终点，如图 8-29 所示。

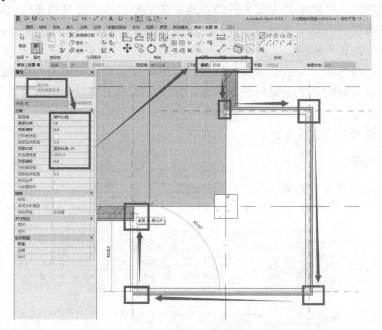

图 8-29 叠层墙的绘制

叠层墙的三维视图如图 8-30 所示。

图 8-30 叠层墙的三维视图

8.3 幕 墙

在 Revit 2018 中，幕墙是一种外墙，附着到建筑结构，而且不承担建筑的楼板或屋顶荷载。

在一般应用中，幕墙常常定义为薄的、通常带铝框的墙，包含填充的玻璃、金属嵌板或薄石。绘制幕墙时，单个嵌板可延伸墙的长度。如果所创建的幕墙具有自动幕墙网格，则该墙将被再分为几个嵌板。

在幕墙中，网格线定义放置竖梃的位置。竖梃是分隔相邻窗单元的结构图元。可通过选择幕墙并右击访问快捷菜单来修改该幕墙，在快捷菜单上有几个用于操作幕墙的命令，如选择嵌板和竖梃。

本节使用幕墙来代替转角窗。

1. 幕墙的绘制

在功能区的"建筑"选项卡的"构建"选项组中单击"墙"按钮，在弹出的下拉菜单中选择"面墙"命令，如图 8-31 所示。

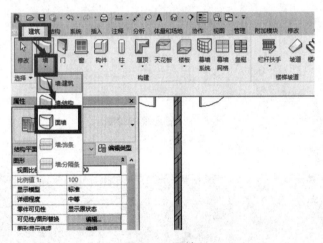

图 8-31　面墙

进入幕墙绘制界面后，将"属性"选项板的"底部约束"修改为 1F，"底部偏移"量修改为 350，"顶部约束"修改为"直到标高：2F"，"顶部偏移"量修改为-850，单击第一段墙体的起点和终点，此时会弹出提示"警告：高亮显示的墙重叠。……"，如图 8-32 所示。

依次单击第二、三、四段墙体的起点、终点，如图 8-33 所示。

2. 剪切几何图形

使用"剪切几何图形"工具让一个构件剪切另一个实心形状，通常以空心剪切几何图形。使用"剪切几何图形"命令时，第二个拾取对象的材质将同时应用于两个对象。

在功能区的"修改|放置墙"选项卡的"几何图形"选项组中单击"剪切"按钮，在绘图区再单击第一段墙体和第一段幕墙，如图 8-34 所示。此时，幕墙完全嵌入叠层墙内，微

微移动鼠标，直至出现两端带有虚线的幕墙即可。

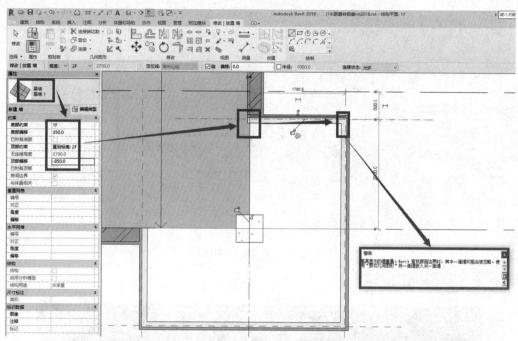

注：此处警告为正常现象，因为幕墙设置的参数在叠层墙内，幕墙的起点和终点
　　与叠层墙起点和终点一致。因此，幕墙完全嵌在此处的叠层墙内。

图 8-32　幕墙的绘制

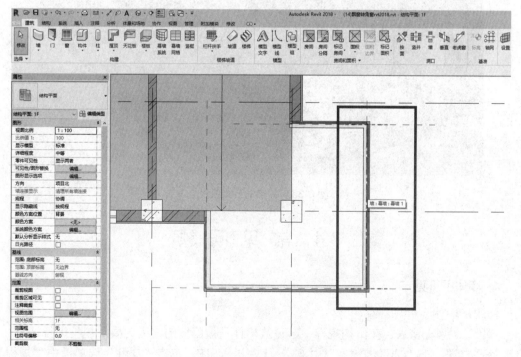

图 8-33　继续绘制幕墙

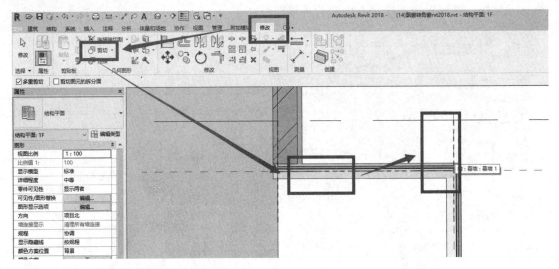

图 8-34　剪切几何图形

依此，依次用幕墙剪切其他叠层墙，效果如图 8-35 所示。

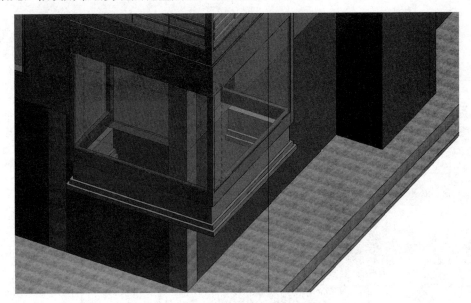

图 8-35　幕墙的三维视图

8.4　常 见 问 题

1. 墙体不可见

问题：墙体不可见。

原因 1：规程错误。在结构规程中，建筑构件是被隐藏的，因此要对规程进行调整。

处理方法：在"项目浏览器"中双击-1F，进入-1F，单击"属性"选项板中"规程"后的下拉菜单，将"结构"修改为"协调"，如图 8-36 所示。

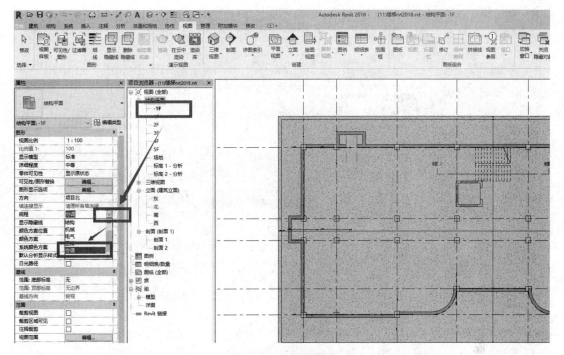

图 8-36　修改规程

注意：“规程”属性确定“规程”专有图元在视图中的显示方式。使用“规程”属性来控制以下行为：根据相关规程在视图中显示哪些图元类别，在视图中显示哪些视图标记、视图范围及其剖切面是否控制平面视图中图元的显示“自动隐藏线是否应用于视图”，无论使用包含多个“规程”的单一模型，还是使用链接到其他特定“规程”模型的模型，“规程”属性都会影响视图。

原因 2：可见性/图形设置为“否”。为方便绘图，在建模过程中可能会关闭某些构件的显示，当墙体设置为不可见时，无法看到建筑墙体。

处理方法：在功能区的“视图”选项卡下的“图形”选项组中单击“可见性/图形”按钮，在弹出的界面中选中“模型类别”选项卡，选中“墙”，单击“确定”按钮完成可见性调整，如图 8-37 所示。

2. 缺乏材料

问题：缺乏材料

原因：Revit 中默认材质库中只有常用材质。

处理方法：当缺乏某种材质时，可以通过创建材质来补充材质库。

在“材质浏览器”中单击任意材料，单击“创建并复制材质”，选择“复制选定的材质”，完成材质的复制，并修改材质名称。

单击“着色”栏的“颜色”框，在弹出的“颜色”对话框中选择合适的颜色，单击“确定”按钮完成着色。

单击“使面填充图案”栏的“填充图案”框，在弹出的填充对话框中选择合适的填充图案，单击“确定”按钮完成填充。

可以根据需求修改截面填充图案，并单击“确定”按钮，完成材质定义，如图 8-38 所示。

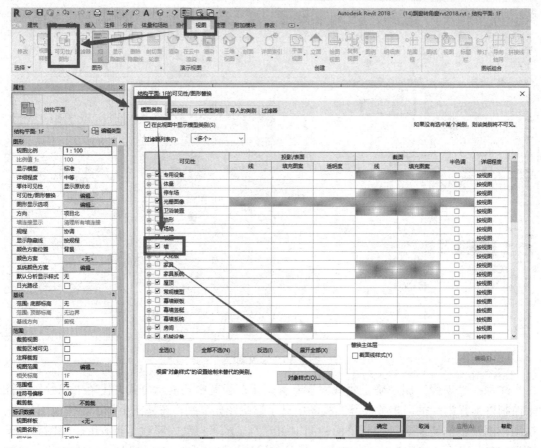

图 8-37　调整墙的可见性

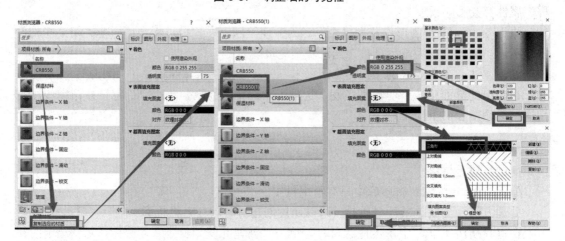

图 8-38　添加材质

第 9 章 门窗洞口工程

学习目标：

- ◆ 了解窗洞的使用和布置；
- ◆ 了解墙洞的使用和布置；
- ◆ 熟悉飘窗的参数设置和布置；
- ◆ 熟悉旋转门的参数设置；
- ◆ 掌握普通门的参数设置、布置以及方向调整；
- ◆ 掌握普通窗的参数设置、布置以及方向调整。

本章导读：

门是室内、室内外交通联系以及交通疏散的处所(兼起通风采光的作用)，窗具有通风、采光的作用(观景眺望的作用)。在 Revit 中门窗是基于主体的构件，可以添加到任何类型的墙内(对于天窗，可以添加到内建屋顶)。可在平面视图、剖面视图、立面视图或 3D 视图中添加门、窗。

选择要添加的门窗类型，然后指定门在墙上的位置。Revit 将自动剪切洞口并放置门窗。如果删除墙体，门、窗也将随之被删除。此外，门、窗图元同墙体等系统族不同，属于可载入族，可以通过载入族工具从外部载入。在项目中，门、窗图元是可以通过修改类型参数，门窗的宽、高以及材质类型等，形成新的门、窗类型。并且门、窗的插入点设置，平、立、剖面的图纸表达及其可见性控制等都和门、窗族的参数设置有关。

9.1 洞　　口

如图 9-1 所示，在-1F 层排烟竖井有一洞口，该洞口宽 1100mm，高度需要计算，此处可知洞口上皮标高+1.150m，上部连梁高度 1050mm，即洞口高度为 3900-1050-1150=1700(mm)，即该窗洞规格为 CD1117。

在 Revit 中提供了两种洞口解决方案，即窗洞和墙洞。两者均为绘制矩形洞口，如果非矩形洞口，则需要通过绘制墙轮廓实现。

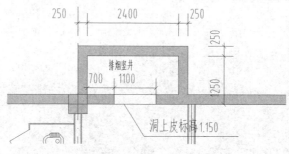

图 9-1　洞口示意图

9.1.1　窗洞

1. 窗洞定义

在功能区的"建筑"选项卡的"构建"选项组中单击"窗"按钮，如图 9-2 所示。

图 9-2　功能区中的"窗"按钮

单击"类型选择器"，选择"方形洞口"，单击"编辑类型"按钮，进入"类型属性"界面，单击"复制"按钮，将"名称"命名为 CD1117，单击"确定"按钮完成命名，修改"尺寸标注"的"宽度"为 1100、"底高度"为 1150、"高度"为 1700，单击"确定"按钮完成窗洞定义，并将"属性"面板中"底高度"修改为 1150，如图 9-3 所示。

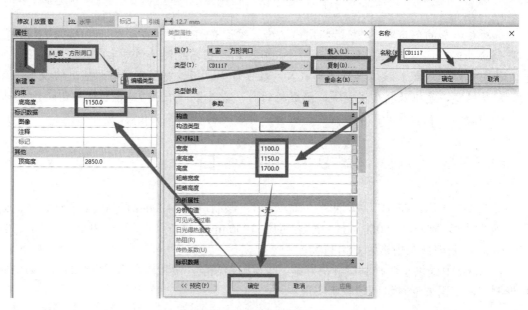

图 9-3　窗洞参数的定义

2. 窗洞口绘制

定义完成后，单击窗洞所在位置的墙体，如图 9-4 所示，完成洞口绘制。

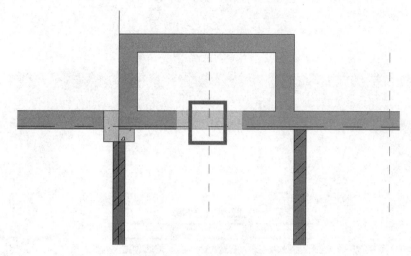

图 9-4　完成洞口绘制

注意：洞口绘制时需要布置在墙体上，这个位置原布置两端是 Q1 挡土墙，中间是连梁，因此要在连梁下布置砌体墙，如图 9-5 所示。

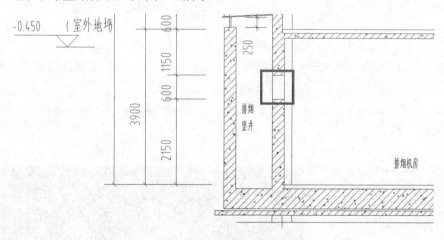

图 9-5　墙洞剖面图

9.1.2　墙洞口

1. 创建剖面图

单击快速访问工具栏中的"剖面"按钮，单击剖面起点，向左移动鼠标，再单击剖面终点，如图 9-6 所示。如果剖切方向反了，可以通过单击箭头↕调整剖切方向，完成剖面创建后在"项目浏览器"的"视图"下的"剖面"中会自动生成相应的剖面图，如图 9-7 所示。双击"项目浏览器"新生成的剖面视图，切换至剖面图。剖面图详情见 2.4.5 节"剖面视图"内容。

图 9-6　剖面图

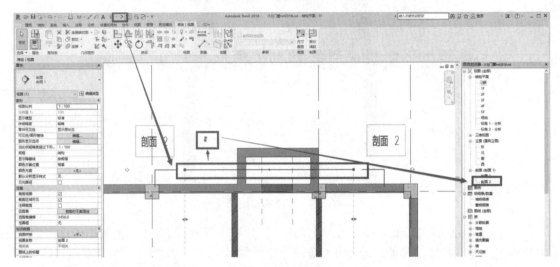

图 9-7　创建剖面图

在功能区的"建筑"选项卡的"洞口"选项组中单击"墙洞口"按钮，在绘图区单击墙体轮廓，选中墙体，单击选择洞口起点，拖动鼠标至终点，完成洞口的绘制，如图 9-8 所示。

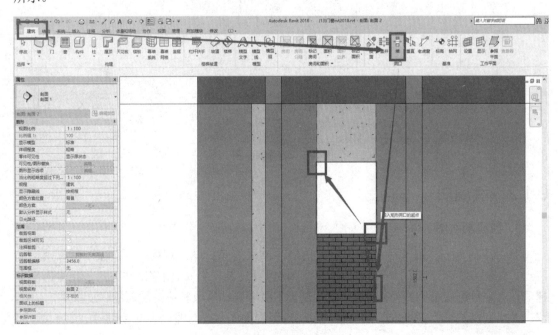

图 9-8　绘制墙洞

2. 修改洞口

单击洞口轮廓线，选中洞口，单击洞口下方标注并修改为 1150，将鼠标指针放置在洞口上方的箭头处，向上拖动鼠标，完成洞口的尺寸绘制，如图 9-9 所示。

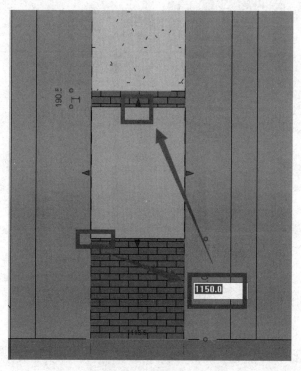

图 9-9　修改墙洞

9.2　门

9.2.1　普通门

普通门(微课)

1. 载入门族

在功能区的"建筑"选项卡的"构建"选项组中单击"门"按钮，进入门编辑界面，如图 9-10 所示。

2. 载入门族

单击"属性"选项板中的"编辑类型"按钮，在弹出的"类型属性"界面，单击"载入"按钮，在"查找范围"下拉列表框中找到"Libraries"文件夹下"China>建筑>门>普通门>平开门>单扇"，在文件夹中找到合适的门族*.rfa，单击"打开"按钮，完成族导入，如图 9-11 所示。

3. 门的定义

在弹出的"类型属性"界面中单击"复制"按钮，将"名称"修改为 M1021，单击"确

定"按钮，完成门复制，将"尺寸标注"的"宽度"修改为1000、高度修改为2100，单击
"确定"按钮完成门定义，如图 9-12 所示。

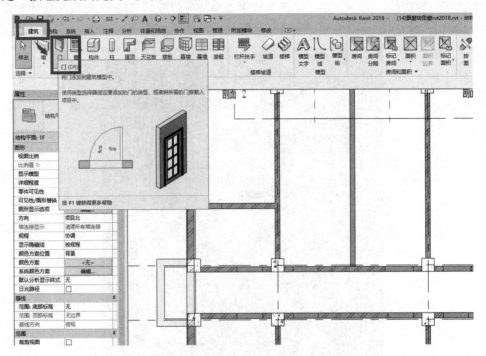

图 9-10　创建门

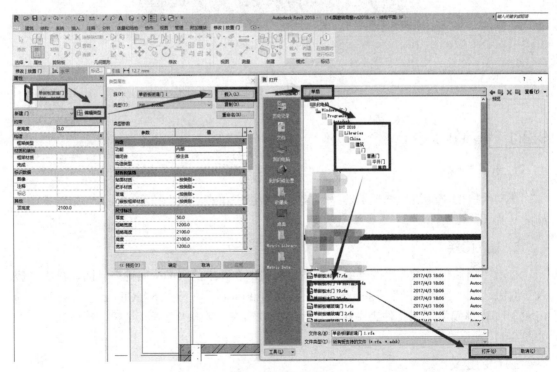

图 9-11　导入门族

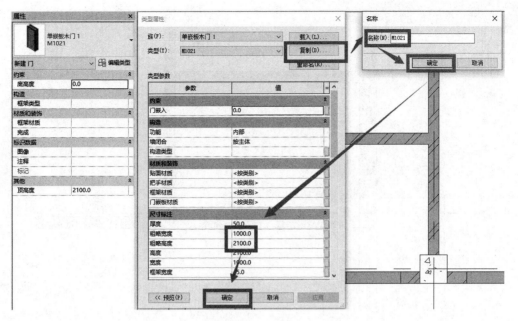

图 9-12　定义门

依此，定义其他门，参数如图 9-13 和图 9-14 所示。

图 9-13　FM 甲的参数

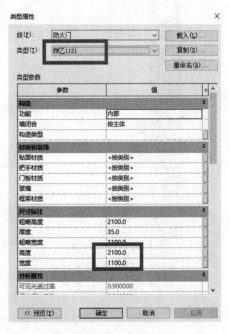

图 9-14　FM 乙的参数

4. 门绘制

移动鼠标指针至目标位置，单击墙体完成绘制，如图 9-15 所示。

单击门标注，将标注 200 修改为 120，单击门方向标注，调整门方向，如图 9-16 所示。

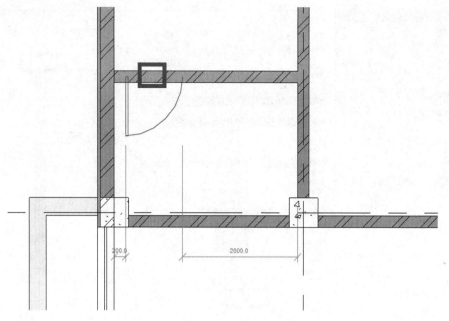

图 9-15　门的绘制

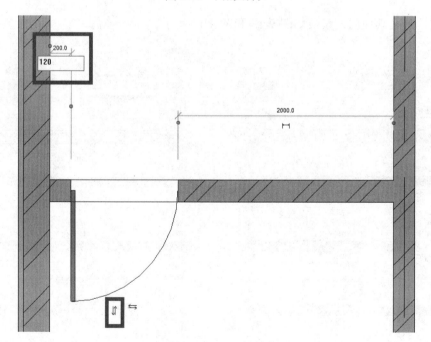

图 9-16　修改门的参数

9.2.2　旋转门

旋转门是最经济、有效的建筑物入口，其与空气的热交换量很小，因此旋转门的节能性能很好。目前旋转门的种类非常多，在 Revit 2018 中内置了 4 种常见类型的旋转门，如图 9-17 所示。本书重在应用，因此这里随机选择其一，与平开门拼接。

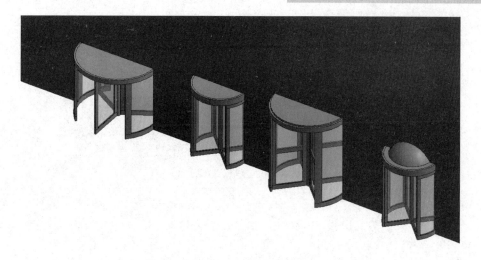

图 9-17 Revit 自带 4 种旋转门

1. 旋转门定义

旋转门载入方法同 9.2.1 节普通门定义，方法如图 9-12 所示，参数如图 9-18 和图 9-19 所示。

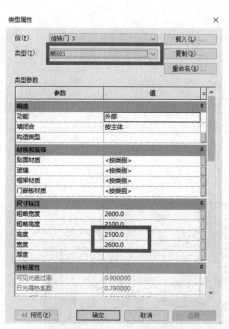

图 9-18 旋转门的参数

图 9-19 侧门的参数

2. 旋转门绘制

单击④-⑤轴线之间、1/A 轴线上墙体的中心位置，居中布置旋转门，如图 9-20 所示。

在"属性"选项板中单击"类型选择器"，将构件切换至"平开门 1221"，依次在圆形旋转门两侧布置平开门，如图 9-21 所示。布置好的旋转门如图 9-22 所示。

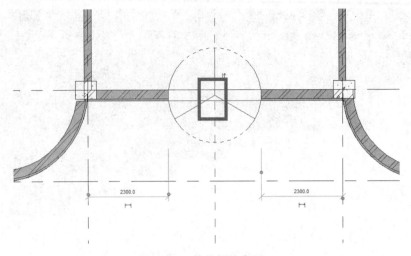

图 9-20 旋转门的布置

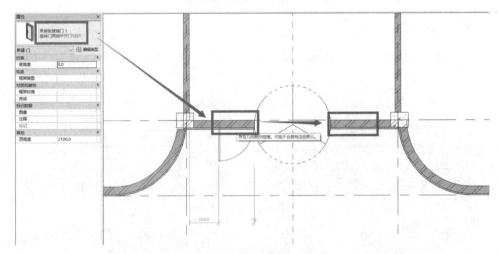

图 9-21 旋转门侧门的布置

图 9-22 旋转门的三维视图

9.3 窗

9.3.1 普通窗

窗(微课)

1. 窗族载入

在功能区的"建筑"选项卡的"构建"选项组中单击"窗"按钮,单击"属性"面板中的"编辑类型"按钮,进入"类型属性"界面,单击"载入"按钮,在弹出的"查找范围"对话框中找到 Libraries 文件夹下"China>建筑>窗>普通窗>推拉窗"文件夹,选择一种推拉窗,单击"打开"按钮,完成推拉窗的载入,如图 9-23 所示。

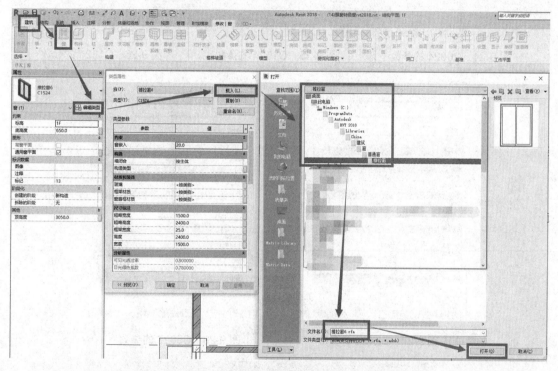

图 9-23 载入窗族

2. 窗定义

单击窗属性"编辑类型"按钮,进入窗"类型属性"界面,单击"复制"按钮,对推拉窗进行命名和参数定义,参数如图 9-24 至图 9-28 所示。

3. 窗绘制

在功能区的"建筑"选项卡的"构建"选项组中单击"窗"按钮,单击"类型选择器"切换至 C1524,将"低高度"修改为 650,单击①-②轴中间 D 轴上墙体进行 C1524 的布置,单击标注,依据图纸将标注修改为 900,按 Enter 键确定,如图 9-29 所示。

图 9-24　C0924 的参数　　　　图 9-25　C1524 的参数　　　　图 9-26　C1824 的参数

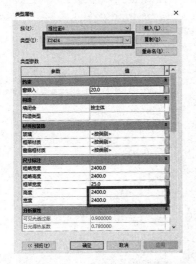

图 9-27　C2424 的参数　　　　图 9-28　C5027 的参数

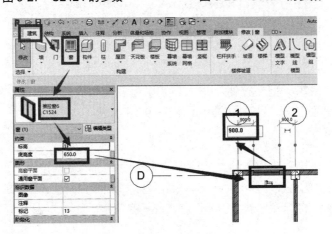

图 9-29　绘制窗

9.3.2 飘窗

飘窗参数如图 9-30 所示。

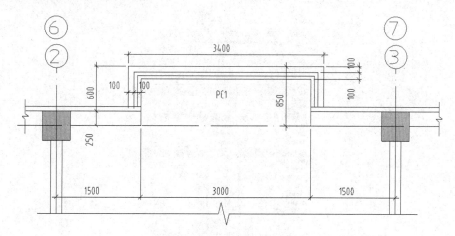

图 9-30 飘窗平面图

1. 飘窗载入

在功能区的"建筑"选项卡的"构建"选项组中单击"窗"按钮，进入窗编辑界面，单击"属性"面板中的"编辑类型"，单击"载入"按钮，在"查找范围"中找到 Libraries 文件夹下"China>建筑>窗>普通窗>凸窗"，在该文件夹下找到"凸窗－双层两列.rfa"，单击"打开"按钮，完成飘窗导入，如图 9-31 所示。

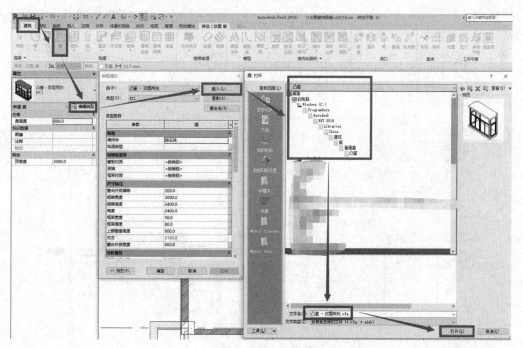

图 9-31 载入飘窗

2. 飘窗的定义

单击窗属性"编辑类型"按钮,进入"类型属性"界面,单击"复制"按钮,对推拉窗进行命名和参数定义,参数如图 9-32 所示。

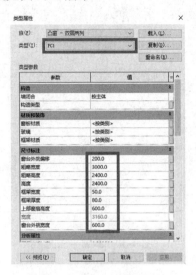

图 9-32　飘窗的参数

3. 飘窗的绘制

在功能区的"建筑"选项卡的"构建"选项组中单击"窗"按钮,在"属性"选项板中单击"类型选择器"切换至 PC1,将"底高度"修改为 650,单击②-③轴中间 D 轴上墙体进行 PC1 的布置,单击标注,依据图纸将标注修改为 1500,按 Enter 键确定,如图 9-33 所示。

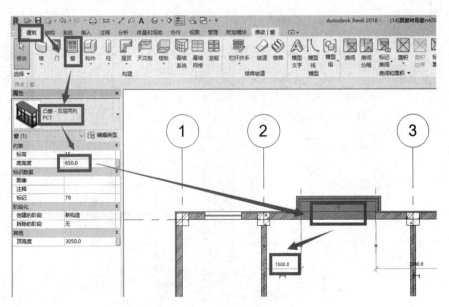

图 9-33　飘窗的绘制

门窗完成后的三维视图如图 9-34 所示。

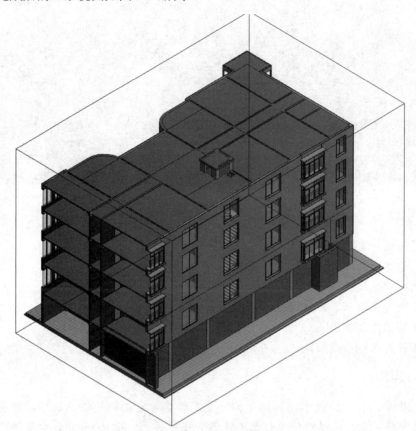

图 9-34　门窗完成后的三维视图

第 10 章 其 他 工 程

学习目标：

◆ 了解栏杆定义及属性设置；
◆ 了解房间的设置；
◆ 熟悉轮廓线的应用；
◆ 熟悉台阶绘制、场地设置、散水设置；
◆ 掌握板边的应用；
◆ 掌握载入族的应用。

本章导读：

栏杆、扶手、台阶、散水、场地等构件是工程非常重要的构件。栏杆、扶手常附着在楼梯、坡道和楼板上，也可以作为独立构件添加在楼层上。在 Revit 中，台阶和散水没有专用的构件，台阶多使用板和板边来实现，散水通常使用墙饰条或放样来实现。

场地可以为项目创建场地地形表面、场地红线、建筑地坪和建筑道路等图元，并且可以在创建的场地中添加广场喷泉、停车场和植物等场地构件，从而完成项目的场地设计。

10.1 其 他 构 件

其他构件(栏杆、台阶、散水)(微课)

10.1.1 栏杆

在建筑中，栏杆属于非常重要的围挡，如图 10-1 所示为转角窗的栏杆图。

栏杆在 Revit 中属于组合构件，可以对栏杆结构、位置、顶部扶栏等分别进行定义。在本节简单定义栏杆。

1. 栏杆绘制

在功能区的"建筑"选项卡的"楼梯坡道"选项组中单击"栏杆扶手"按钮，在弹出的下拉菜单中选择"绘制路径"，如图 10-2 所示。

在功能区的"修改|创建栏杆扶手路径"选项卡的"绘制"选项组中单击"线"按钮，依照图纸在绘图区绘制栏杆路径，并在功能区的同一选项卡的"模式"选项组中单击"完成编辑模式"按钮，如图 10-3 所示。栏杆的三维视图如 10-4 所示。

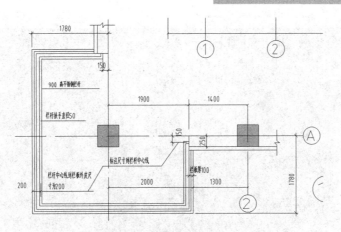

图 10-1　转角窗的栏杆图

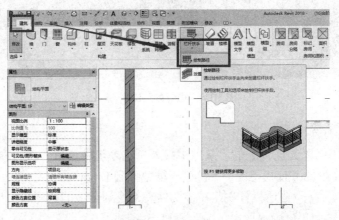

图 10-2　绘制路径

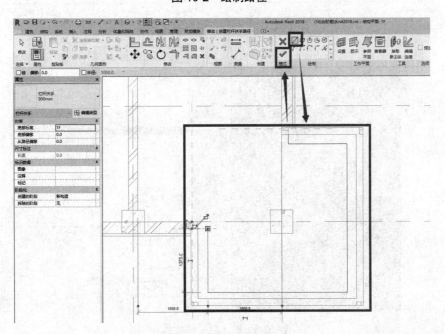

图 10-3　栏杆路径绘制

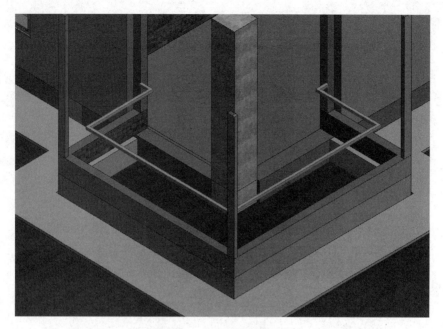

图 10-4　栏杆的三维视图

2. 载入栏杆结构

在功能区的"插入"选项卡的"从库中载入"选项组中单击"载入族"按钮，在弹出的"载入族"对话框的"查找范围"下拉列表框中找到 Libraries 文件夹下"China>建筑>栏杆扶手>栏杆>常规栏杆>普通栏杆"，在该文件夹下找到合适的栏杆族*.rfa，单击"打开"按钮，完成族导入，如图 10-5 所示。

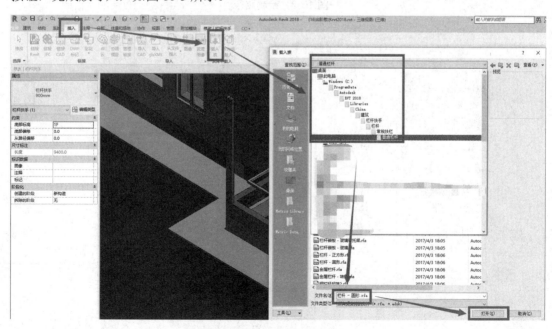

图 10-5　载入栏杆样式族

3. 修改栏杆属性

在快速访问工具栏中单击"三维视图"按钮，进入三维视图，选中栏杆，单击"编辑类型"，进入"类型属性"界面，如图 10-6 所示。

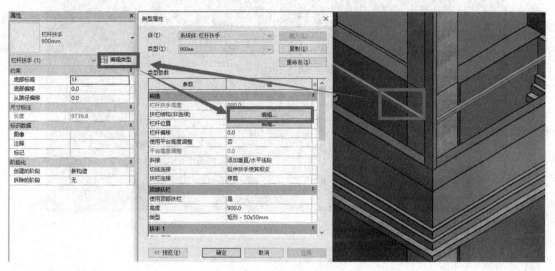

图 10-6　编辑栏杆类型

在"类型属性"界面，单击"扶栏结构(非连续)"后的"编辑"按钮，弹出"编辑扶手(非连续)"对话框，单击"插入"按钮，可以修改新建扶栏的"高度""偏移"，单击"轮廓"选择合适的扶手轮廓，单击"确定"按钮完成扶手编辑，如图 10-7 所示。

在"类型属性"界面单击"栏杆位置"后的"编辑"按钮，弹出"编辑栏杆位置"对话框，在"栏杆族"下拉列表中选择 10.1.1-2 载入的栏杆族，单击"确定"按钮完成栏杆位置的编辑，如图 10-8 所示。

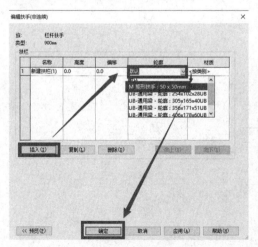

图 10-7　"编辑扶手(非连续)"对话框

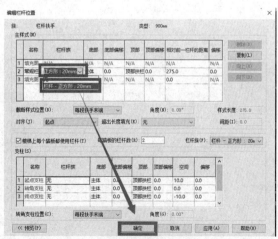

图 10-8　"编辑栏杆位置"对话框

最后，单击"确定"按钮完成栏杆属性编辑，栏杆的三维视图如图 10-9 所示。

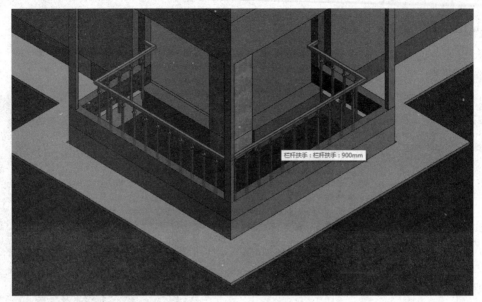

图 10-9　栏杆的三维视图

10.1.2　台阶

建筑入口处室内外不同标高的地面多采用台阶联系，对建筑物的立面具有一定的装饰作用，设计时既要考虑使用方便，还要注意美观。台阶构造由面层、结构层和基层构成，如图 10-10 所示。本节只讲解台阶结构层绘制，在 Revit 2018 中使用结构板和板边实现台阶绘制。

1、20厚花岗岩板铺面，正、背面及四周边满涂防污剂，稀水泥浆擦缝
2、撒素水泥面(洒适量清水)
3、30厚1:4硬性水泥砂浆粘结层
4、素水泥浆一道(内掺建筑胶)
5、100厚C15混凝土，台阶面向外坡1%
6、300厚3:7灰土垫层分两步夯实
7、素土夯实

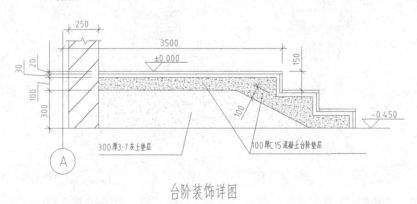

台阶装饰详图

图 10-10　台阶图

1. 台阶平台定义

在功能区的"结构"选项卡的"结构"选项组中单击"楼板"按钮，在弹出的下拉菜单中选择"楼板:结构"，进入楼板编辑界面，单击"属性"选项板中的"编辑类型"按钮，进入"类型属性"界面，如图 10-11 所示。

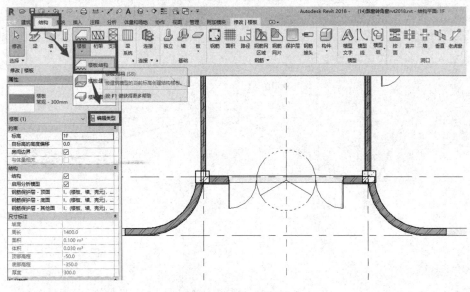

图 10-11　定义台阶

在"类型属性"界面单击"复制"按钮，在弹出的对话框中修改"名称"为"室外台阶"，单击"确定"按钮，返回"类型属性"界面。单击"结构"后面的"编辑"按钮进入"编辑部件"对话框，将"厚度"修改为 100，单击"确定"按钮完成厚度修改，在"类型属性"界面单击"确定"按钮，完成台阶平台的定义，如图 10-12 所示。

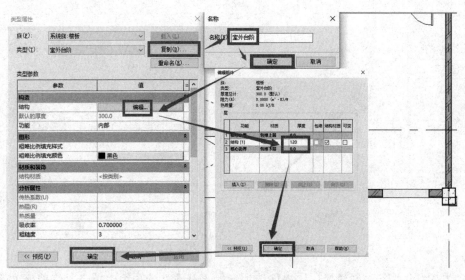

图 10-12　修改台阶参数

2. 台阶平台绘制

在功能区的"修改|创建楼层边界"选项卡的"绘制"选项组中单击"拾取线"按钮，在选项栏中将"偏移"量改为 0，在绘图区依次拾取台阶轮廓，如图 10-13 所示。

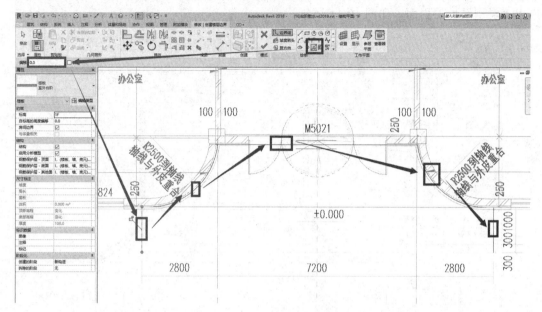

图 10-13 台阶平台绘制

在选项栏中修改"偏移"量为 300，向上偏移，拾取最后一根台阶边线，如图 10-14 所示。

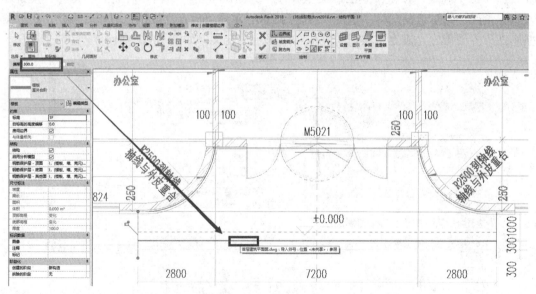

图 10-14 拾取台阶边线 1

在功能区的"修改|创建楼层边界"选项卡的"修改"选项组中单击"修剪/延伸为角"按钮，在绘图区选中第一条边线和第二条边线，完成第一个转角的修改。

依次单击多边形台阶各转角处两条边线,如图 10-15 所示,完成所有转角的修剪或延伸,在功能区的"修改|创建楼层边界"选项卡的"模式"选项组中单击"完成编辑模式"按钮完成台阶平台轮廓的绘制。

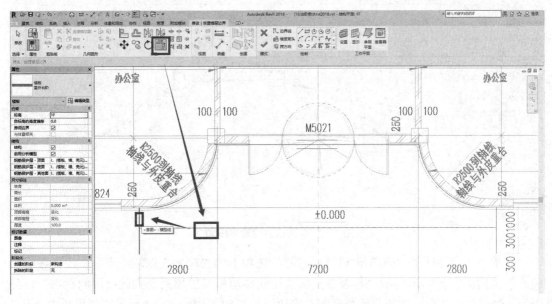

图 10-15　拾取台阶边线 2

3. 板边轮廓定义

板边是结构板边缘构造楼板水平边缘的形状。单击连续边缘时,将创建一条连续的楼板边缘。如果楼板边缘的线段在角部相遇,它们会相互斜接。

这里通过新建族"公制轮廓"创建台阶,并作为台阶平台的踏步。

单击 Revit 工作界面左上角的"文件"按钮,在弹出的下拉菜单中选择"新建"→"族"命令,在弹出的"新族-选择样板文件"对话框中找到"Chinese"文件夹下的"公制轮廓.rft"族样板文件,单击"打开"按钮(见图 10-16),完成轮廓族的创建,如图 10-17 所示。

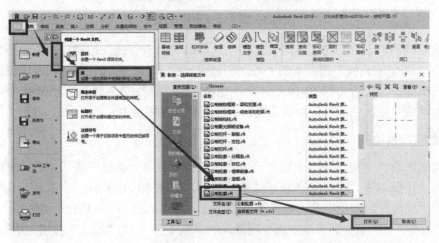

图 10-16　载入轮廓族

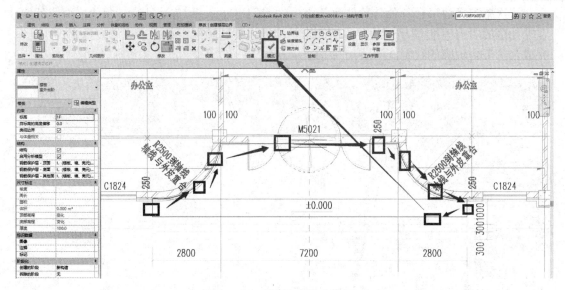

图 10-17　完成台阶轮廓编辑

注意：在功能区的"修改|创建楼层边界"选项卡的"模式"选项组中单击"完成编辑模式"按钮后，会弹出提示"是否希望将高达此楼层标高的墙附着到此楼层的底部"，是因为此处-1F 有混凝土挡墙，此处必须单击"否"按钮，如图 10-18 所示。如果单击"是"按钮则-1F 的墙体会自动降到台阶板下方。

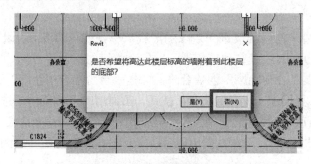

图 10-18　墙体附着警告

在功能区的"创建"选项卡的"详图"选项组中单击"线"按钮，进入绘制界面，在功能区的"修改|放置线"选项卡的"绘制"选项组中单击"直线"按钮，在绘图区绘制三级台阶的横断面，尺寸如图 10-19 所示。在功能区的"修改|放置线"选项卡的"族编辑器"选项组中单击"载入到项目"按钮将绘制的轮廓载入到项目中。

4. 台阶踏板绘制

在功能区的"结构"选项卡的"结构"选项组中单击"楼板"按钮，在弹出的下拉菜单中选择"楼板:楼板边"，进入楼板边编辑界面，如图 10-20 所示。

单击"属性"选项板中的"编辑类型"按钮，在弹出的"类型属性"界面单击"轮廓"的"值"，在"值"下拉列表框中选中刚载入的"族 1"，单击"确定"按钮完成属性修改，单击台阶边线完成板边绘制，如图 10-21 所示。

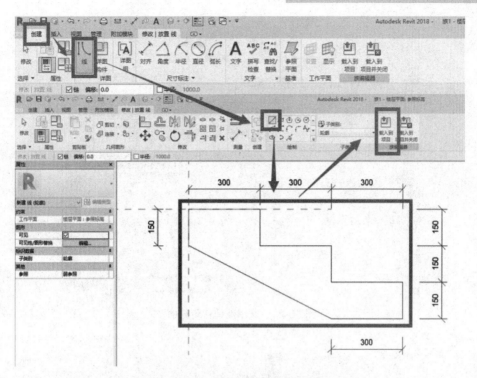

图 10-19　台阶边缘轮廓的绘制

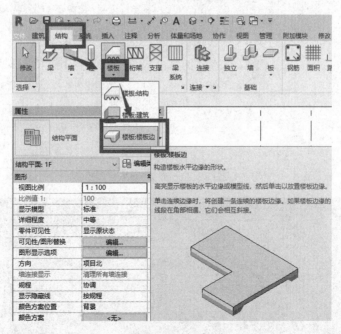

图 10-20　板边

单击台阶板的轮廓，布置板边，如图 10-22 所示。绘制完成后的台阶效果如图 10-23 所示。

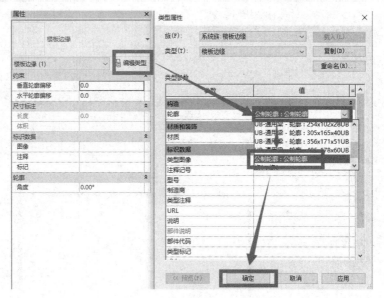

图 10-21 调用新建台阶轮廓

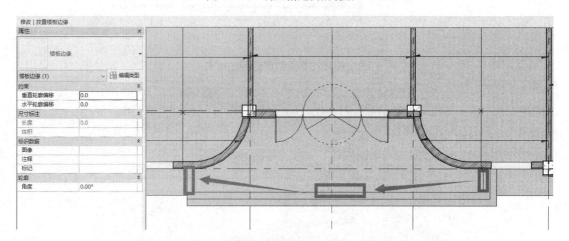

图 10-22 布置板边

图 10-23 台阶的三维视图

10.1.3　散水

散水是指房屋外墙四周的勒脚处(室外地坪上)用片石砌筑或用混凝土浇筑的有一定坡度的散水坡。散水的作用是迅速排走勒脚附近的雨水，避免雨水冲刷或渗透到地基，防止基础下沉，以保证房屋的巩固耐久。散水的做法详图如图 10-24 所示。

在 Revit 中，散水做法有很多种，这里使用"墙:饰条"工具实现。

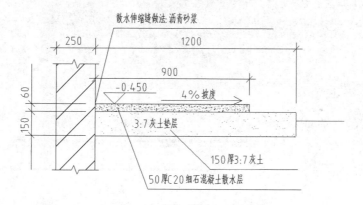

图 10-24　散水的做法详图

在 Revit 工作界面的左上角单击"文件"按钮，在弹出的下拉菜单中选择"新建"→"族"命令，在弹出的"新族"对话框中找到 Chinese 文件夹下的"公制轮廓.rft"族样板文件，单击"打开"按钮完成轮廓族的创建，如图 10-25 所示。

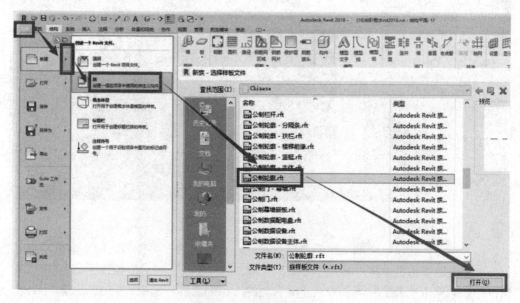

图 10-25　创建散水轮廓

在功能区的"创建"选项卡的"详图"选项组，单击"线"按钮，进入绘制界面，在功能区的"修改|放置线"选项卡的"绘制"选项组中单击"直线"按钮，在绘图区绘制三级台阶的横断面，尺寸如图 10-26 所示。在功能区的"修改|放置线"选项卡的"族编辑器"选项组中单击"载入到项目"按钮，将绘制的轮廓载入到项目中。

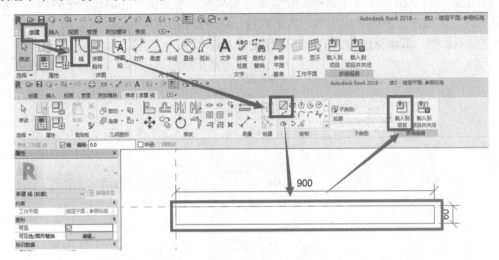

图 10-26　散水轮廓图

单击"快速访问工具栏"中的"三维视图"按钮，切换至三维视图，在功能区的"建筑"选项卡的"构建"选项组中单击"墙"按钮，在弹出的下拉菜单中选择"墙:饰条"，如图 10-27 所示。

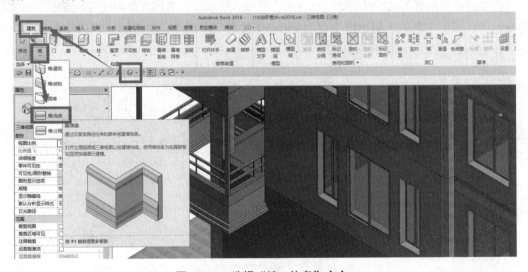

图 10-27　选择"墙：饰条"命令

单击"属性"选项板中的"编辑类型"按钮，在弹出的"类型属性"界面单击"复制"按钮，在弹出的对话框中将"名称"修改为"散水"，单击"确定"按钮完成复制，在"类型属性"界面单击"类型参数"中"轮廓"值的下拉列表框，选中"族 3"轮廓，单击"确定"按钮完成属性编辑，如图 10-28 所示。

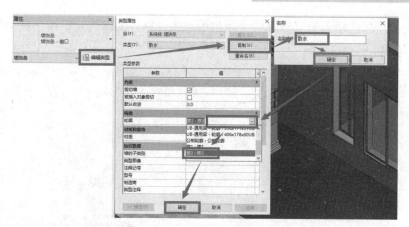

图 10-28　墙饰条的参数设置

在三维视图中依次单击需要布置散水的墙面，如图 10-29 所示，完成散水的布置。

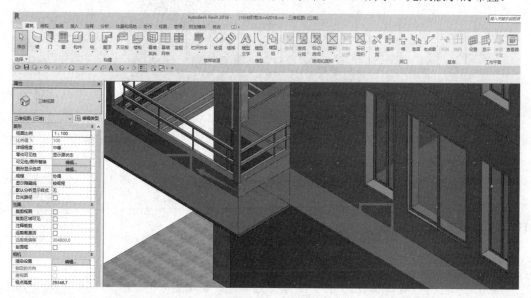

图 10-29　散水的绘制

注意："墙：饰条"功能只能在立面图或三维视图下进行布置，无法在平面视图布置，因此这里需要先切换至三维视图或立面视图。

10.2　场　　地

场地(微课)

通过在地形表面绘制闭合环，可以添加建筑地坪。在绘制地坪后，可以指定一个值来控制其距标高的高度偏移，还可以指定其他属性。可通过在建筑地坪的周长之内绘制闭合环来定义地坪中的洞口，还可以为该建筑地坪定义坡度。

双击"项目浏览器"中"场地"，进入场地平面图，在功能区的"体量和场地"选项卡的"场地建模"选项组中单击"地形表面"按钮，在功能区的"修改|编辑表面"选项卡的"工具"选项组中单击"放置点"按钮，在绘图区依次单击场地 4 个角点，在功能区的

"修改|编辑表面"选项卡的"模式"选项组中单击"完成编辑模式"按钮完成场地布置，如图 10-30 所示。

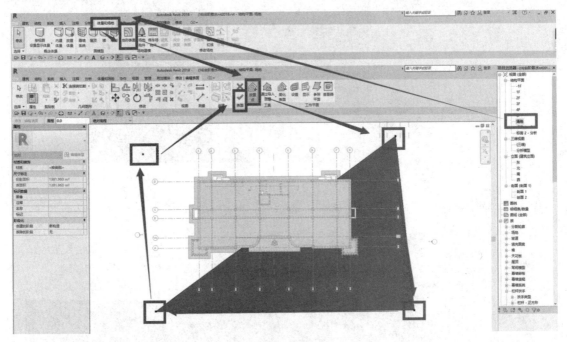

图 10-30　场地布置

10.3　出　　图

出图(微课)

10.3.1　房间

1. 放置房间

双击"项目浏览器"中 1F，进入 1F 层平面视图，在功能区的"建筑"选项卡的"房间和面积"选项组中单击"房间"按钮，进入"放置房间"界面，如图 10-31 所示。

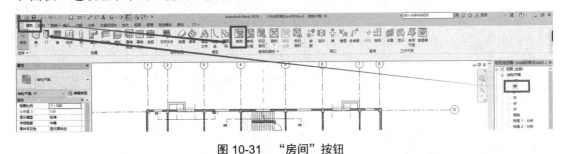

图 10-31　"房间"按钮

在功能区的"修改|放置房间"选项卡的"房间"选项组中单击"自动放置房间"按钮，弹出提示框显示"已自动创建 19 个房间"，单击"关闭"按钮完成房间布置，如图 10-32 所示。

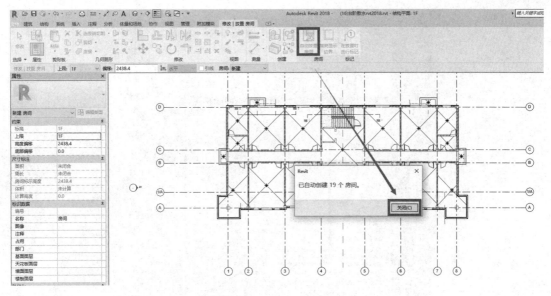

图 10-32　自动创建房间

2. 载入标记

有些版本的 Revit 默认没有载入标记类的族，使用时会提醒载入房间标记族，在功能区的"建筑"选项卡的"房间和面积"选项组中单击"标记房间"按钮，如图 10-33 所示，将会弹出房间标记缺失的提示。

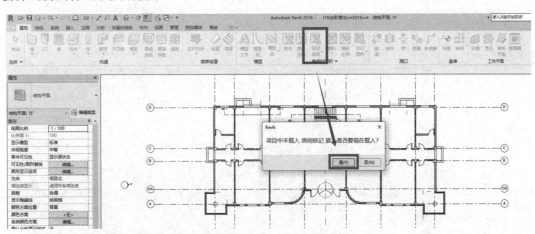

图 10-33　房间标记缺失的提示

在"载入族"对话框的"查找范围"下拉列表框中找到 Libraries 文件夹下"China>注释>标记>建筑"，在该文件夹下找到"标记_房间-有面积-施工-仿宋.rfa"，单击"打开"按钮完成族导入，如图 10-34 所示

在功能区的"建筑"选项卡的"房间和面积"选项组中单击"标记房间"按钮，进入房间的标记界面，单击生成的自动创建的"房间"，修改为对应的功能，这里修改为"办公室"，如图 10-35 所示。

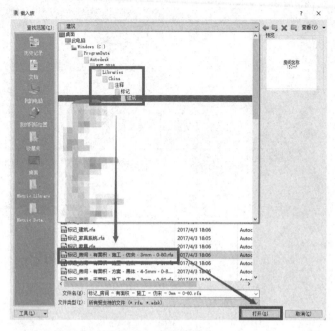

图 10-34　载入房间标记

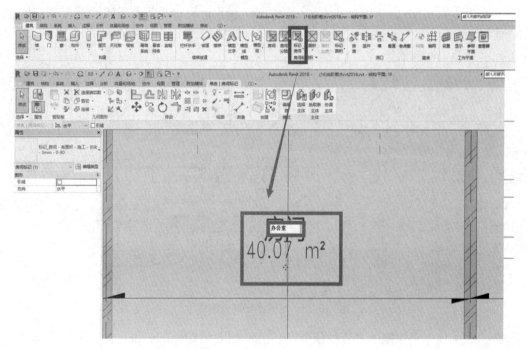

图 10-35　修改为"办公室"

10.3.2　标注

标注是 BIM 模型出图时必不可少的内容。

在功能区的"注释"选项卡的"尺寸标注"选项组中单击"对齐"按钮，进入"对齐尺寸标注"界面，如图 10-36 所示。

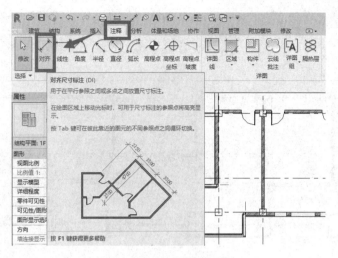

图 10-36 对齐尺寸标注

1. 修改标注颜色

在"对齐尺寸标注"界面，单击"属性"选项板中的"编辑类型"按钮，进入"类型属性"界面，单击"颜色"，在"颜色"对话框中将颜色修改为"绿色"，单击"确定"按钮，再次单击"确定"按钮，完成"颜色"属性的修改，如图 10-37 所示。

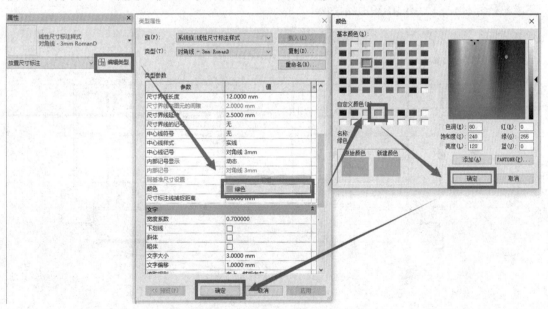

图 10-37 修改标注颜色界面

注意：在我国，标注颜色习惯使用绿色。

2. 标注轴线尺寸

在"对齐"界面依次单击①～⑧轴线，完成连续的轴线间距标注，最后移动鼠标指针至⑦-⑧轴线中间位置，按下鼠标左键，完成标注的放置，如图 10-38 所示。

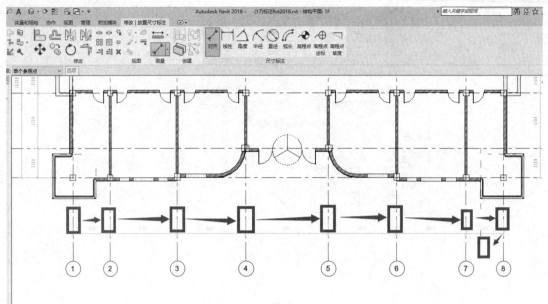

图 10-38　对齐标注轴线间距

在完成轴线间距标注后，单击①轴线和⑧轴线，移动鼠标指针至中间任意位置，单击完成总尺寸标注，如图 10-39 所示。

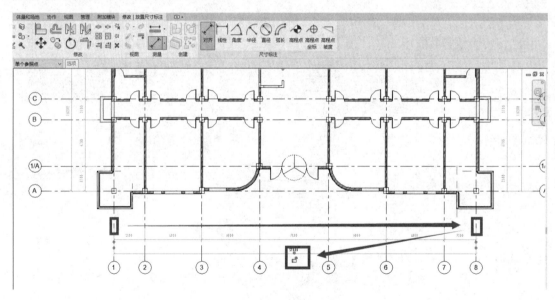

图 10-39　轴线总尺寸标注

请自行完成门窗位置标注及其他 3 个方向尺寸标注，如图 10-40 所示。

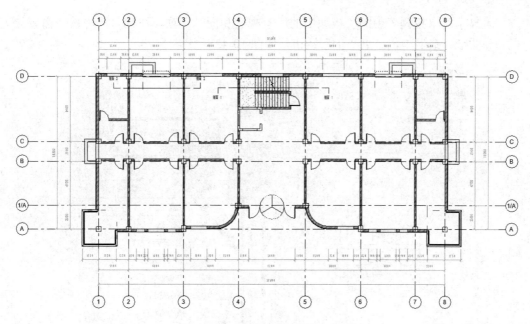

图 10-40　标注完成后首层平面图

10.3.3　出图

单击"文件"按钮，在弹出的下拉菜单中执行"导出"→"CAD 格式"→DWG 命令，如图 10-41 所示。

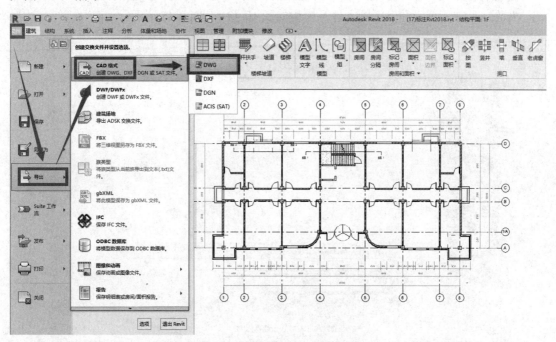

图 10-41　选择命令导出 DWG 文件

在弹出的"DWG 导出"对话框中，选择"导出"下拉列表中的"任务中的视图"项和

"按列表显示"下拉列表中的"模型中的所有视图和图纸"项,在列表框中选中需要导出的视图和图纸,最后单击"下一步"按钮,如图 10-42 所示。

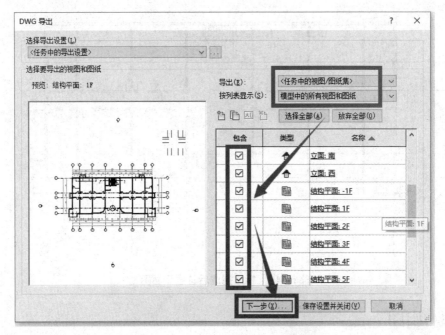

图 10-42　"DWG 导出"设置界面

选择合适的文件保存位置,并为项目命名,最后单击"确定"按钮完成 DWG 文件的导出,如图 10-43 所示。导出后的文件及模型如图 10-44 和图 10-45 所示。

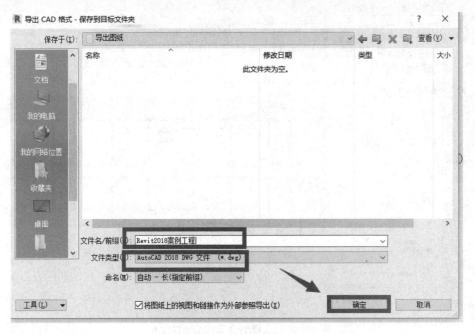

图 10-43　保存文件

图 10-44 导出的图纸文件

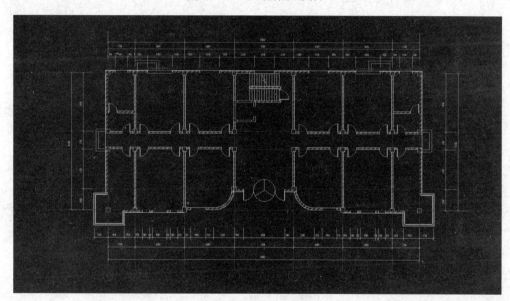

图 10-45 导出的图纸

第 11 章 族

学习目标：

◆ 了解族编辑的界面；
◆ 了解族类型及其区别；
◆ 熟悉内建模型的使用；
◆ 熟悉条形基础和压顶的定义与绘制；
◆ 掌握公制常规族的拉伸、旋转、融合、放样、放样融合的使用；
◆ 掌握 L 形柱的定义及参数设置。

本章导读：

族是涵盖图形表达及其参数化信息集的地图元族，是组成项目的主要构件，也是 Revit 中一个非常重要的组成要素。Revit 是建筑信息模型的应用软件，项目模型中的几何信息、物理信息和项目信息都会存在于对应族的信息里面，所以族是信息的载体，也是模型参数化的具体体现。族对于学习 Reivt 是至关重要的。

11.1 族 类 型

在 Revit 中，族共分为 3 类，即系统族、可载入族和内建族。

11.1.1 系统族

系统族包括墙体、屋顶、楼板、标高、轴网和尺寸标注等，是用于项目模型创建的基本图元。系统族通常是 Revit 预先储存于项目样板中，不能被创建、删除和另存，但系统族类型是可以被复制、重命名和修改参数值的。

如图 11-1 所示，"系统族:基本墙"的类别为"内部-砌块墙 100"，可以通过"复制"按钮修改其结构参数，从而生成一个新的基本墙类型。

图 11-1　"系统族:基本墙"的属性界面

11.1.2　可载入族

可载入族主要分为体量族、模型族和注释族 3 类。

可载入族是可以在项目外部创建、修改、复制和单独保存为*.rfa 格式文件的族，因此可载入族具有较强的自定义特性。例如，门族、窗族、植物族和家具族等都可以在 Revit 提供的族编辑器中创建完成，之后通过"载入族"命令加载到项目中供项目使用。

如图 11-2 所示，在功能区的"插入"选项卡的"从库中载入"选项组中单击"载入族"按钮，弹出"载入族"对话框，可以在软件自带的族库中或外部文件中选择需要的族文件，单击"打开"按钮，即可载入到项目中。

图 11-2　"载入族"界面

11.1.3　内建族

内建族和可载入族相似，都是可以被创建、修改和复制的族文件。不同之处在于内建族在项目内部进行创建，是适应并对当前项目需要而创建的，是其特有的专属图元。

内建族和系统族相同之处在于，既不能将外部的文件载入到项目中，也不能将项目中的内建族保存至外部文件。它主要是用于创建一些特殊的、不常见的几何图形，或者是必须参照当前项目中其他图形元素的族文件。

11.1.4　族样板

在 Revit 中创建新族，如图 11-3 和图 11-4 所示，单击"文件"选项卡，进入应用程序菜单，在"新建"下拉菜单中选择"族"命令；或者在欢迎界面单击"族"选项区中的"新建"按钮，都将自动弹出"新族-选择样板文件"对话框。可以发现必须选择合适的族样板文件，才能进入族编辑器创建所需的新族。

图 11-3　从开始菜单新建族

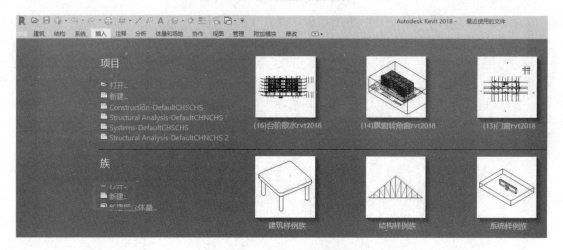

图 11-4　从欢迎界面新建族

11.1.5　族参数

族通过各种参数驱动，使之能够在不同项目中具有可变性和实用性。

存在于项目中的每一个图元都是一个"实例"。所以"实例"参数就是被个体图元所拥有的参数，修改"实例参数"只会影响某一个图元，不会影响相同类型的其他实例，如图 11-5 所示，推拉窗 C2424 在"属性"面板中"底高度"可以不同。

由于存在一些批量修改的问题，每个实例单独操作过于麻烦，所以 Revit 设定了"类型参数"。某族类型的"类型参数"被修改，即可批量修改此类型的所有图元。

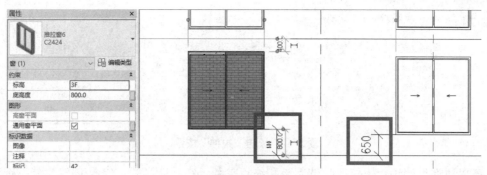

图 11-5　修改族参数

11.2　族　工　具

族工具(微课)

本节讲解公制常规模型中的族工具。

打开 Revit 2018 的欢迎界面，单击"族"选项组中的"新建"按钮，在弹出的"新族-选择样板文件"对话框中选中"公制常规模型.rft"，单击"打开"按钮，进入族编辑界面，如图 11-6 所示。

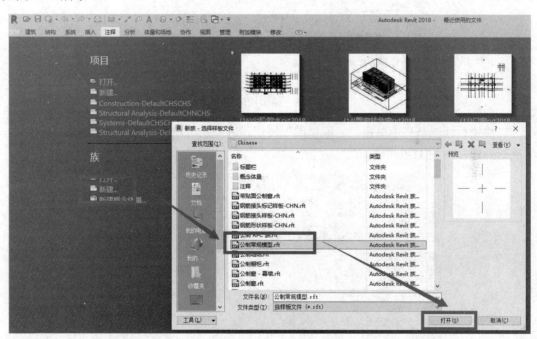

图 11-6　新建公制常规族

11.2.1　拉伸

"拉伸"工具是通过绘制单一闭合轮廓，让轮廓在垂直于轮廓平面的方向上进行拉伸生成的模型形状。

在功能区的"创建"选项卡的"形状"选项组中单击"拉伸"按钮进入拉伸界面，如

图 11-7 所示。

图 11-7　单击"拉伸"按钮

在"属性"选项板中修改拉伸起点和终点参数，在功能区的"修改|创建拉伸"选项卡的"绘制"选项组中单击"矩形"按钮，在绘图区拉框绘制矩形框，单击"完成编辑模式"按钮，如图 11-8 所示。

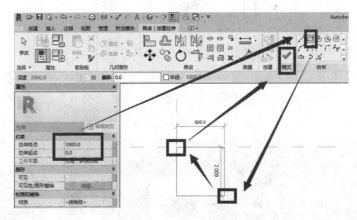

图 11-8　绘制拉伸轮廓

在快速访问工具栏中单击"三维视图"按钮，进入三维视图，完成 600×600×3900 立方体族的创建，如图 11-9 所示。

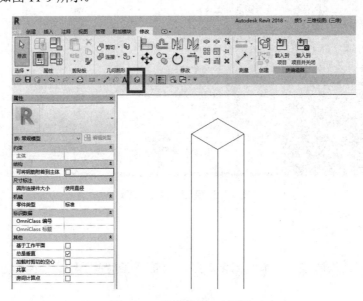

图 11-9　拉伸后的 3D 视图

11.2.2　融合

　　"融合"工具是通过绘制两个平行的相同或不同截面样式的闭合轮廓生成的形状。

　　在功能区的"创建"选项卡的"形状"选项组中单击"融合"按钮，进入融合编辑界面，如图 11-10 所示。

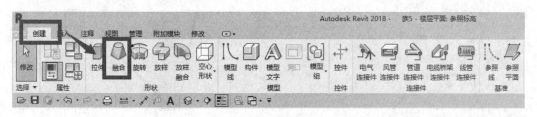

图 11-10　族融合

　　在"属性"选项板中修改第二端点高度，在功能区的"修改|创建融合底部边界"选项卡的"绘制"选项组中单击"圆"按钮，在绘图区参照平面交点处单击，绘制圆心，移动鼠标，向外拖动 200mm，单击绘制圆半径，在功能区的"修改|创建融合底部边界"选项卡的"模式"选项组中单击"编辑顶部"按钮，完成融合底部边界，如图 11-11 所示。

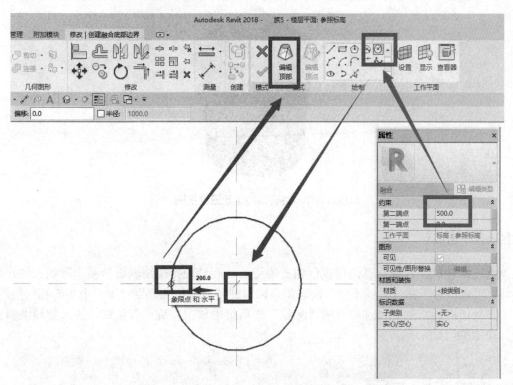

图 11-11　编辑融合底部边界

　　在功能区的"修改|创建融合底部边界"选项卡的"绘制"选项组中单击"矩形"按钮，在绘图区圆形上方绘制 400×400 的矩形，并单击"完成编辑模式"按钮，完成融合顶部边界绘制，在快速访问工具栏中单击"三维视图"按钮可切换至三维视图，如图 11-12 所示。

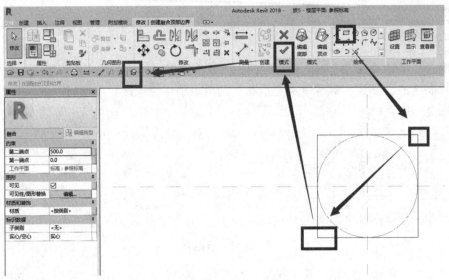

图 11-12　创建融合顶部边界

完成后的"天圆地方"构件效果如图 11-13 所示。

图 11-13　融合后的图元三维视图

11.2.3　旋转

通过绕轴放样二维轮廓，可以创建三维形状。旋转是指围绕轴旋转某个形状而创建的形状。可以旋转形状一周或不到一周。如果轴与旋转造型接触，则产生一个实心几何图形。

在功能区的"创建"选项卡的"形状"选项组中单击"旋转"按钮，进入旋转编辑界面，如图 11-14 所示。

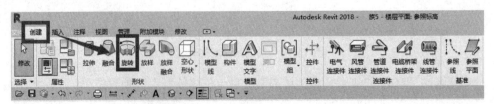

图 11-14　"旋转"按钮

在功能区的"修改|创建旋转"选项卡的"绘制"选项组中单击"边界线"按钮(首次进入默认是边界线编辑，可以跳过此步骤)，再单击"圆"按钮，在绘图区单击鼠标，确定圆心，拖动鼠标，再次单击确认半径，右击并在弹出的快捷菜单中选择"取消"命令，此时可以单击标注，修改圆的半径，如图 11-15 所示。

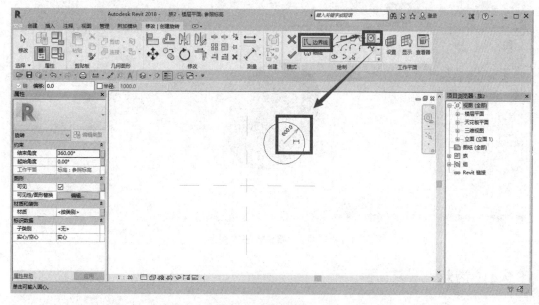

图 11-15　创建旋转轮廓

　　在功能区的"修改|编辑旋转"选项卡的"绘制"选项组中单击"轴线"按钮进入旋转轴编辑界面，再单击"直线"按钮，在绘图区绘制一条直线，在功能区的同一选项卡的"模式"选项组中单击"完成编辑模式"按钮完成旋转，如图 11-16 所示。

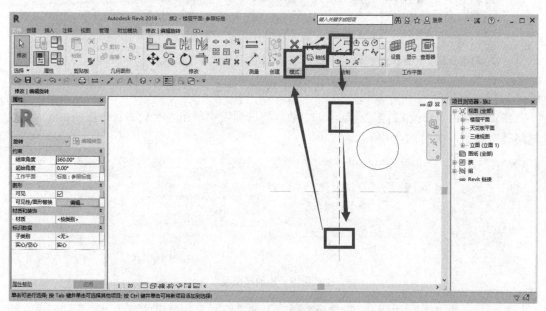

图 11-16　创建旋转轴

在快速访问工具栏中单击"三维视图"按钮，检查三维模型，如图 11-17 所示。

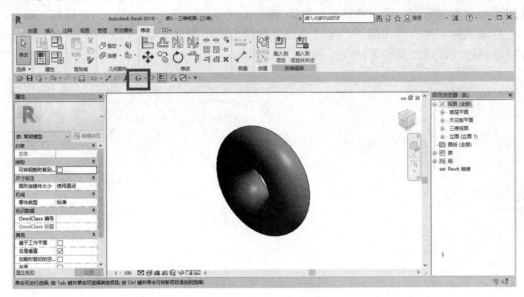

图 11-17　族旋转三维视图

11.2.4　放样

通过沿路径放样二维轮廓，可以创建三维形状。

在功能区的"创建"选项卡的"形状"选项组中单击"放样"按钮进入放样编辑界面，如图 11-18 所示。

图 11-18　"放样"按钮

在功能区的"修改|放样"选项卡的"放样"选项组中单击"绘制路径"按钮，进入"绘制路径"界面，如图 11-19 所示。

图 11-19　族放样路径

在功能区的"修改|放样>绘制路径"选项卡的"绘制"选项组中单击"线"按钮，在绘图区绘制一条直线，在功能区的同一选项组中再单击"起点-终点-半径弧"按钮，通过"起

点-终点-半径"功能在直线的端部绘制一条弧线,在功能区同一选项卡的"模式"选项组中单击"完成编辑模式"按钮完成放样路径绘制,如图 11-20 所示。

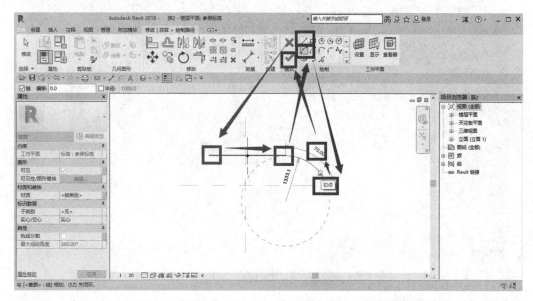

图 11-20 绘制放样路径

在功能区的"修改|放样"选项卡的"放样"选项组中单击"编辑轮廓"按钮,在弹出的"转到视图"对话框中选择其中一个立面,这里以选择"立面:右"为例。单击"打开视图"按钮,如图 11-21 所示。

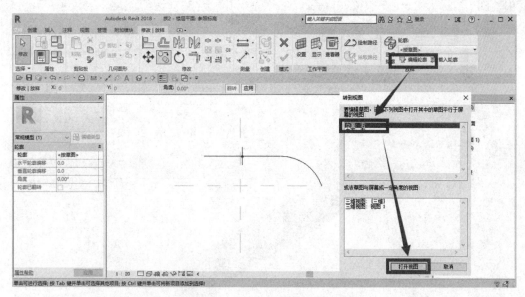

图 11-21 切换至编辑轮廓视图

在功能区的"修改|放样>编辑轮廓"选项卡的"绘制"选项组中单击"内接多边形"按钮,在绘图区单击鼠标,确定多边形圆心,向外拖动鼠标,确定内接圆的半径,在功能区的同一选项卡的"模式"选项组中单击"完成编辑模式"按钮完成轮廓编辑,如图 11-22

所示。

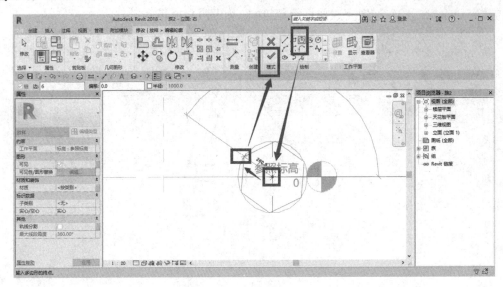

图 11-22　编辑放样轮廓

在功能区的"修改|放样"选项卡的"模式"选项组中单击"完成编辑模式"按钮完成放样，如图 11-23 所示。

图 11-23　完成放样编辑

在快速访问工具栏中单击"三维视图"按钮进入三维视图，如图 11-24 所示。

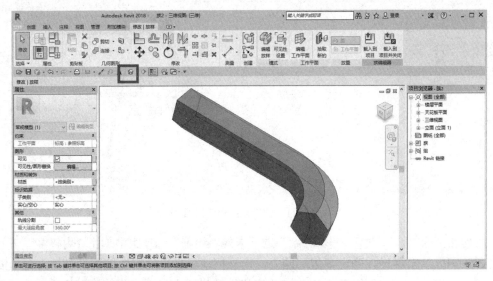

图 11-24　放样三维视图

11.2.5　放样融合

通过放样融合工具可以创建一个具有两个不同轮廓的融合体，然后沿某条路径对其进行放样。放样融合的造型由绘制或拾取的 2D 路径以及绘制或载入的两个轮廓确定。

在功能区的"创建"选项卡的"形状"选项组中单击"放样融合"按钮进入放样融合编辑界面，如图 11-25 所示。

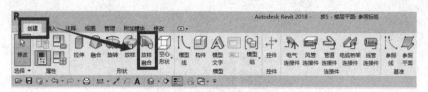

图 11-25　单击"放样融合"按钮

在功能区的"修改|放样融合"选项卡的"放样融合"选项组中单击"绘制路径"按钮，进入绘制路径界面，如图 11-26 所示。

图 11-26　放样融合路径

在功能区的"修改|放样融合>绘制路径"选项卡的"绘制"选项组中单击"起点-终点-半径弧"按钮，在绘图区绘制一条弧线，在功能区的同一选项卡的"模式"选项组中单击"完成编辑模式"按钮，完成放样融合的路径绘制，如图 11-27 所示。在放样融合中只支持一段路径。

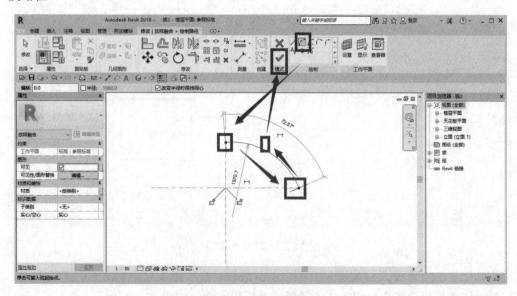

图 11-27　绘制放样路径

在功能区的"修改|放样融合"选项卡的"放样融合"选项组中单击"选择轮廓 1"按钮，再单击"编辑轮廓"按钮，在弹出的"转到视图"对话框中选择一个立面图，这里以右立面图为例，单击"打开视图"按钮进入轮廓编辑界面，如图 11-28 所示。

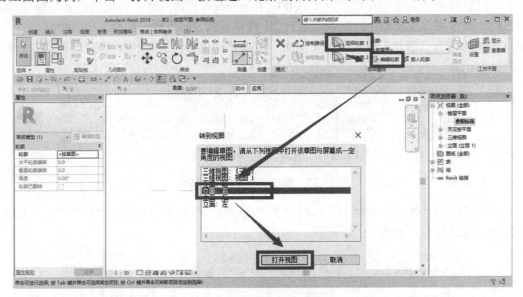

图 11-28　切换编辑轮廓视图

在功能区的"修改|放样融合>编辑轮廓"选项卡的"绘制"选项组中单击"矩形"按钮，在绘图区绘制矩形，在功能区的同一选项卡的"模式"选项组中单击"完成编辑模式"按钮完成轮廓 1 编辑，如图 11-29 所示。

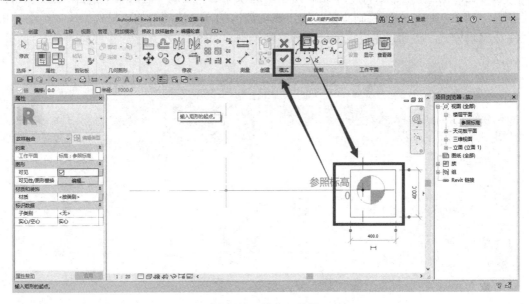

图 11-29　轮廓 1 编辑

在功能区的"修改|放样融合"选项卡的"放样融合"选项组中单击"选择轮廓 2"按钮，再单击"编辑轮廓"按钮，进入轮廓 2 的编辑界面，如图 11-30 所示。

图 11-30　切换至轮廓 2

在功能区的"修改|放样融合>编辑轮廓"选项卡的"放样融合"选项组中单击"圆"按钮，在绘图区单击鼠标，确定圆心，拖动鼠标，在功能区的同一选项卡的"模式"选项组中单击"完成编辑模式"按钮完成轮廓 2 绘制，如图 11-31 所示。

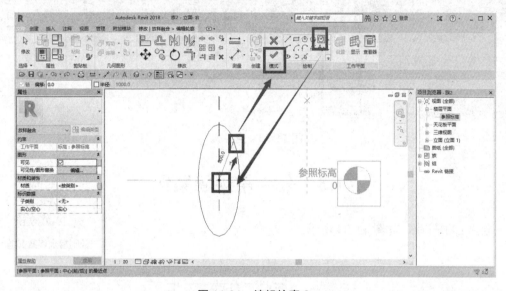

图 11-31　编辑轮廓 2

在功能区的"修改|放样融合"选项卡的"模式"选项组中单击"完成编辑模式"按钮完成放样融合，在快速访问工具栏中单击"三维视图"按钮进入三维视图，如图 11-32 所示。

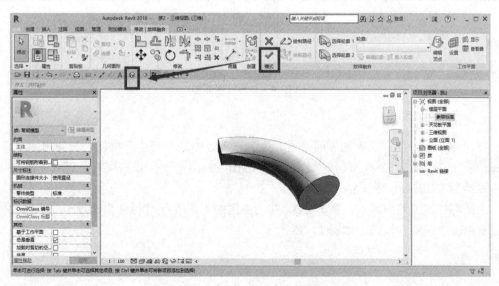

图 11-32　族放样融合三维视图

11.2.6　空心形状

在功能区的"创建"选项卡的"形状"选项组中单击"空心形状"按钮,在弹出的下拉菜单中包含"空心拉伸""空心融合""空心旋转""空心放样""空心放样融合"等命令,可以用这些命令绘制各种空心形状,如图 11-33 所示。

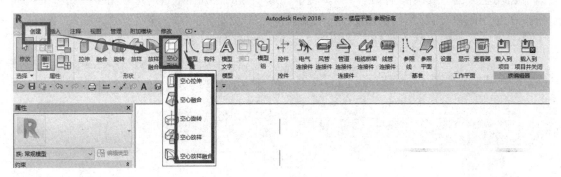

图 11-33　空心族

11.3　公制常规族案例

公制常规族案例(微课)

创建 L 形柱族,如图 11-34 所示。

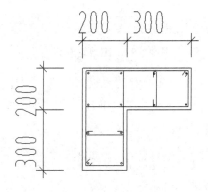

图 11-34　L 形柱平面图

1. 创建参照平面

打开 Revit 2018,在欢迎界面单击"族"选项组中的"新建"按钮,在弹出的"新族-选择样板文件"对话框中,选择"公建结构柱.rft",单击"打开"按钮,进入创建结构柱的编辑界面,如图 11-35 所示。

在结构柱族的绘图区中,单击 EQ,在功能区的"修改|尺寸标注"选项卡的"修改"选项组中单击"删除"按钮,如图 11-36 所示。

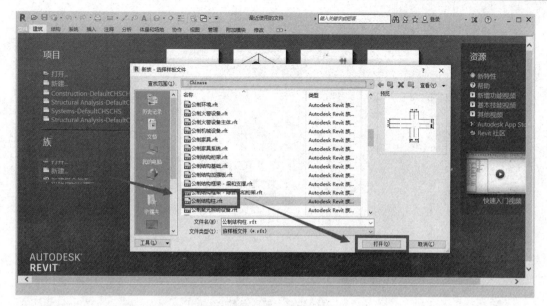

图 11-35　创建公制结构柱

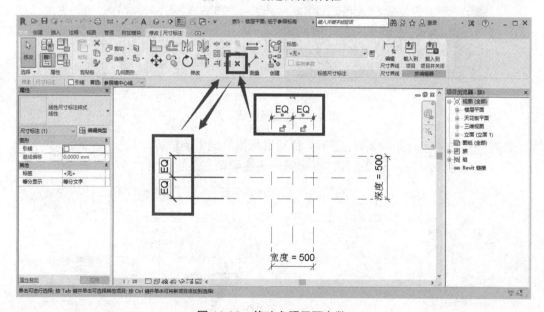

图 11-36　修改参照平面参数

注意：EQ 是 equal 的缩写，意思是 3 条参照平面两两间距相等，案例中不相等，因此要删除。

修改间距，单击最下方的参照平面，在显示间距时单击间距，修改为 300，如图 11-37 所示。

2. 创建参数

在功能区选的"注释"选项卡的"尺寸标注"选项组中，单击"对齐"按钮，如图 11-38 所示。

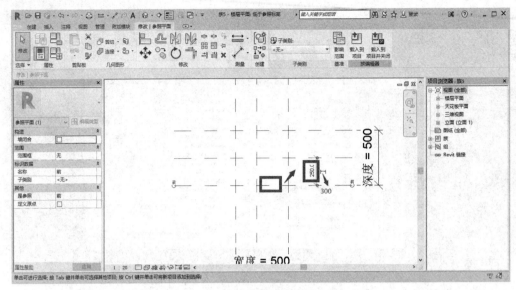

图 11-37　修改参数

图 11-38　注释参照平面

在绘图区选中第一条线、第三条线，移动鼠标指针至中间位置，单击，如图 11-39 所示。分别标注左起第一条线和第二条线，下起第一条线和第三条线、第二条线和第三条线。

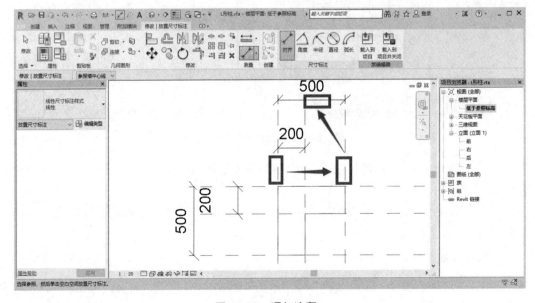

图 11-39　添加注释

单击一个参数，在功能区的"修改|尺寸标注"选项卡的"标签尺寸标注"选项组中单击"创建参数"按钮，在弹出的对话框中将"参数数据"区域的"名称"修改为 B，单击"确定"按钮完成创建参数，如图 11-40 所示。

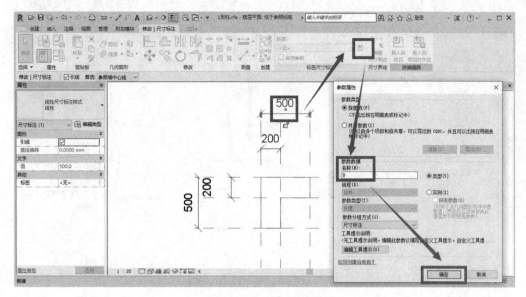

图 11-40 编辑参数数据

同理，分别创建 B1、H、H1 剩余 3 个参数，如图 11-41 所示。

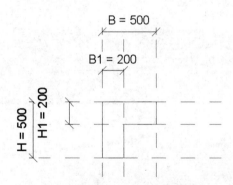

图 11-41 添加参数后的参照平面

3. 创建拉伸

在功能区的"创建"选项卡的"形状"选项组中单击"拉伸"按钮进入拉伸界面，如图 11-42 所示。

图 11-42 创建拉伸

在功能区的"修改|编辑拉伸"选项卡的"绘制"选项组中单击"线"按钮，沿参照平面绘制 L 形轮廓，如图 11-43 所示。

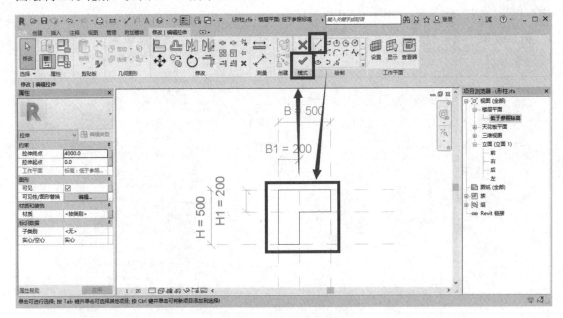

图 11-43　编辑 L 形柱轮廓

双击"项目浏览器"中"前"，按下鼠标左键拖动向上箭头直至上参照平面，单击"锁定"按钮，如图 11-44 所示。

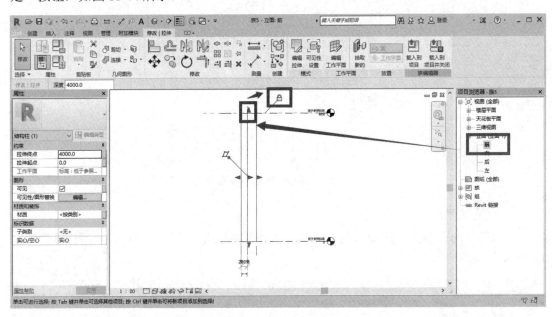

图 11-44　锁定柱标高

注意：锁定后，创建的族在导入到项目中后，会随着参数的变化而变化。不锁定，其高度为固定值。

4. 保存

单点击快速访问工具栏中的"保存"按钮，在弹出的"另存为"对话框中，命名为"L形柱"，选择指定位置，单击"保存"按钮完成族的保存，如图 11-45 所示。该类型柱可以应用在所有项目中。

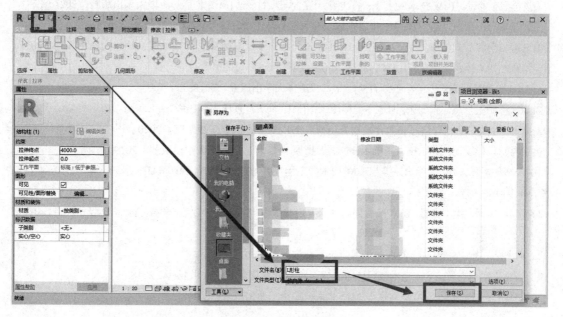

图 11-45　保存族构件

参 考 文 献

[1]李益，常莉. BIM 技术概论[M]. 北京：清华大学出版社，2021.

[2]汤燕飞，李享. BIM 技术应用——机电管线综合与项目管理[M]. 北京：清华大学出版社，2021.

[3]黄亚斌，王全杰，赵雪锋. Revit 建筑应用实训教程[M]. 北京：化学工业出版社，2016.

[4]卫涛，李容，刘依莲. 基于 BIM 的 Revit 建筑与结构设计案例实战[M]. 北京：清华大学出版社，2017.

[5]张泳. BIM 技术原理及应用[M]. 北京：北京大学出版社，2020.

[6]王柳燕. BIM 技术应用实训教程[M]. 北京：清华大学出版社，2018.

[7]刘师雨，王全杰，张向荣. 1 号办公楼施工图[M]. 重庆：重庆大学出版社，2019.

[8]程琳. 建筑工业化与信息化融合发展应用研究[D]. 长春：长春工程学院，2020.

[9]王冉然，彭雯博. BIM 技术基础-Revit 实训指导[M]. 北京：清华大学出版社，2019.

[10]宋靖华，朱羽翼，游绍勇. 基于 BIM 技术的工程项目全过程造价控制研究[J]. 建筑经济，2020，41(5)：88-91.

[11]窦存杰，董锦坤，贾君. BIM 技术国内外研究现状综述[J]. 辽宁工业大学学报(自然科学版)，2021，41(4)：245-249.

[12]何关培. BIM 总论[M]. 北京：中国建筑工业出版社，2011.

[13]陆泽荣，刘占省. BIM 技术概论[M]. 二版. 北京：中国建筑工业出版社，2018.

[14]李慧民. BIM 技术应用基础教程[M]. 北京：冶金工业出版社，2017.